沙棘良种选育及产业化发展关键技术研究

技 术 卷

赵 英 张建国 郑兴国 程 平 张志刚 / 著

中国环境出版集团·北京

图书在版编目（CIP）数据

沙棘良种选育及产业化发展关键技术研究. 技术卷/
赵英等著. —北京：中国环境出版集团，2022.2
ISBN 978-7-5111-4834-6

Ⅰ．①沙… Ⅱ．①赵… Ⅲ．①沙棘—选择良种—研
究 ②沙棘—经济作物—产业发展—研究 Ⅳ．①S793.604
②F326.12

中国版本图书馆 CIP 数据核字（2021）第 163757 号

出 版 人 武德凯
责任编辑 范云平
责任校对 任 丽
封面设计 彭 杉

出版发行 中国环境出版集团
（100062 北京市东城区广渠门内大街 16 号）
网 址：http://www.cesp.com.cn
电子邮箱：bjgl@cesp.com.cn
联系电话：010-67112765（编辑管理部）
发行热线：010-67125803，010-67113405（传真）
印 刷 北京中科印刷有限公司
经 销 各地新华书店
版 次 2022 年 2 月第 1 版
印 次 2022 年 2 月第 1 次印刷
开 本 787×1092 1/16
印 张 15.25
字 数 262 千字
定 价 72.00 元

前　言

沙棘是一个生态、经济兼用树种，果实富含维生素、黄酮类等化合物 200 多种，被称之为"液体黄金""维 C 之王"，具有很高的商业价值。近年来，随着对沙棘营养成分的研究和新产品的不断开发，沙棘种植面积不断扩张，其在我国"三北"地区的生态建设和林果产业发展中发挥着重要作用，已成为当地的主要造林树种之一。与此同时，市场对沙棘良种苗木的需求越来越大，但沙棘种子繁殖变异大、长期进行营养繁殖后品种易退化，且市场上沙棘苗木品种混杂、苗木质量良莠不齐，沙棘良种种苗的快速繁育成为制约沙棘产业发展的一个技术瓶颈。

基于此，我们新疆沙棘繁育研究小组先后创新了三种不同的营养繁育方法，即嫩枝扦插、硬枝扦插、组培快繁，创建了沙棘苗木快繁技术体系，实现了良种原种快繁和良种繁育产业化。相比较而言，沙棘组培快繁具有保持亲本的优良性状、繁殖速度快等优点，尤其在优良品种确定后，可以在短期内迅速扩繁、获得大量良种苗木，具有无可比拟的先进性和优越性，在生产上可快速获得良种的遗传增益。我们的研究人员积累了多年的组培试验成果和宝贵的实践经验，创新了沙棘无菌叶片快繁和瓶外生根技术，增殖倍数达 50～60 倍，生根率、移栽成活率均达 90%以上，解决了沙棘组织培养过程中的关键技术难题，建立了沙棘组织培养快繁技术体系，并对沙棘组培苗的规模化生产技术流程进行了优化，为生产应用提供了理论依据和科技支撑。

在此将多年的沙棘繁育研究成果集成于书,供沙棘科研工作者和爱好者交流学习,希望能够推动新时代沙棘产业的发展。参与撰写本书的主要作者,都是多年来从事沙棘繁育研究的科技人员,主持或参与了嫩枝扦插、硬枝扦插、组培快繁等关键技术研发工作,积累了丰富的基础资料和宝贵的经验教训。

本书撰写过程中,得到了中国林业科学研究院段爱国研究员、新疆林业科学院李宏研究员的帮助,在此表示感谢;向长期以来参与沙棘繁育研究与推广工作的陆忠元、韩晓燕、刘伟、徐航、赵一卓、赵昕、马旭、王博林、褚亚楠等同志致以谢意。

在本书的成书过程中,我们以严肃认真的态度编撰每一个章节,严把质量关,但限于水平,书中难免有不当或错误之处,敬请专家、读者批评指正。

著 者

2021 年 11 月

目　录

第 1 章

沙棘优良品种的快繁技术

1.1 植物的组织培养实验

    植物的组织培养是近几十年来根据植物细胞具有全能性的理论发展起来的一项无性繁殖新技术。植物的组织培养广义上又叫离体培养,指从植物体分离出符合需要的组织、器官或细胞、原生质体等,通过无菌操作,在无菌条件下接种在含有各种营养物质及植物激素的培养基上进行培养,以获得再生的完整植株或生产具有经济价值的其他产品的技术。狭义上的组织培养是指用植物各部分组织,如形成层、薄壁组织、叶肉组织、胚乳等进行培养获得再生植株,也指在培养过程中从各器官上产生愈伤组织的培养,愈伤组织再经过再分化形成再生植物。

    植物组织培养的研究历史起源于19世纪30年代,德国植物学家施莱登和德国动物学家施旺创立了细胞学说,根据这一学说,如果给细胞提供和生物体内一样的条件,每个细胞都应该能够独立生活。1902年,德国植物学家哈伯兰特提出的细胞全能性理论成为植物组织培养的理论基础。1958年,一个振奋人心的消息从美国传向世界各地,美国植物学家斯蒂瓦特等用胡萝卜韧皮部的细胞进行培养,终于得到了完整植株,并且这一植株能够开花结果,证实了哈伯兰特在50多年前关于细胞全能的预言。

    植物组织培养的基本步骤为:剪接植物器官或组织—经过脱分化(也叫去分化)形成愈伤组织—再经过再分化形成组织或器官—经过培养发育成一棵完整的植株。植物组织培养的大致过程是:在无菌条件下,将植物器官或组织(如芽、茎尖、根尖或花药)的一部分切下来,用纤维素酶与果胶酶处理以去掉细胞壁,使之露出原生质体,然后放在适当的人工培养基上进行培养,这些器官或组织就会进行细胞分裂,形成新的组织。不过这种组织没有发生分化,只是一团薄壁细胞,叫作愈伤组织。在适合的光照、温度和施以一定的营养物质与激素等条件下,愈伤组织便开始分化,产生出植物的各种器官和组织,进而发育成一棵完整的植株。只有离体情况下植物细胞才有可能表现全能性,随着这一发育过程的进行,一个细胞所具有的分化能力被局限在细胞所属的肌器、器官和组织内发挥植物的全能性。

    全能性指个体某个器官或组织已经分化的细胞在适宜的条件下再生成完整个体的遗传潜力。生物的细胞或组织可以分化成该物种的所有组织或器官,并形成完整的个体。

分化细胞保留着全部的核基因组，它具有生物个体生长、发育所需要的全部遗传信息，即能够表达本身基因库中的任何一种基因。也就是说，分化细胞具有发育为完整植株的潜在能力。根据培养材料的不同，植物组织培养可分为以下几种类型：①组织或愈伤组织培养（tissue，callus culture），为狭义的组织培养，是对植物体的各部分组织进行培养，如茎尖分生组织、形成层、木质部、韧皮部、表皮组织、胚乳组织和薄壁组织等；或对由植物器官培养产生的愈伤组织进行培养，二者均通过再分化诱导形成植株。②器官培养（organ culture），即离体器官的培养，根据作物和需要的不同，可以包括分离茎尖、茎段、根尖、叶片、叶原基、子叶、花瓣、雄蕊、雌蕊、胚珠、胚、子房、果实等外植体的培养。③植株培养（plant culture），是对完整植株材料的培养，如幼苗及较大植株的培养。④细胞培养（cell culture），是对由愈伤组织等进行液体振荡培养所得到的能保持较好分散性的离体单细胞或花粉单细胞或很小的细胞团的培养。⑤原生质体培养（protoplast culture），是用酶及物理方法除去细胞壁的原生质体的培养。

组织培养是 21 世纪发展起来的一门新技术，随着科学技术的进步，尤其是外源激素的应用，组织培养不仅从理论上为相关学科提出了可靠的实验证据，而且成为一种大规模、批量工厂化生产种苗的新方法，并在生产上越来越得到广泛的应用。

植物组织培养之所以发展得如此之快，应用的范围如此之广，是由于具备以下几个特点：①培养条件可以人为控制。组织培养采用的植物材料完全在人为提供的培养基质和小气候环境条件下进行生长，摆脱了大自然中四季、昼夜的变化以及灾害性气候的不利影响，且条件均一，对植物生长极为有利，便于稳定地进行周年培养生产。②生长周期短，繁殖率高。植物组织培养由于是人为控制培养条件，可根据不同植物不同部位的不同要求而提供不同的培养条件，因此生长较快。另外，植株也比较小，往往 20～30 d 为一个周期。所以，虽然植物组织培养需要一定设备及能源消耗，但由于植物材料能按几何级数繁殖生产，故总体来说成本低廉，且能及时提供规格一致的优质种苗或脱病毒种苗。③管理方便，利于工厂化生产和自动化控制。植物组织培养是在一定的场所和环境下，人为提供一定的温度、光照、湿度、营养、激素等条件，利于高度集约化和高密度工厂化生产，也利于自动化控制生产。它是未来农业工厂化育苗的发展方向。它与盆栽、田间栽培等相比，省去了中耕除草、浇水施肥、防治病虫害等一系列繁杂劳动，可以大大节省人力、物力及田间种植所需要的土地。

1.1.1 组培实验室的设计与设备

实验室设置的基本原则是：科学、高效、经济和实用。一个组织培养实验室（以下简称组培实验室）必须满足3个基本的需要：实验准备（培养基制备、器皿洗涤、培养基和培养器皿灭菌）、无菌操作和控制培养。此外，还可根据从事的实验要求来考虑辅助实验室及各种附加设施，使实验室更加完善。

在进行植物组织培养工作之前，首先应对工作中需要哪些最基本的设备条件有个全面的了解，以便因地制宜地利用现有房屋，或新建、改建实验室。实验室的大小取决于工作的目的和规模。以工厂化生产为目的，实验室规模太小则会限制生产，影响效率。在设计组培实验室时，应按组织培养程序设计成一条连续的生产线，避免某些环节倒排，导致日后工作混乱。植物组织培养是在严格无菌的条件下进行的。要做到无菌，需要一定的设备、器材和用具，同时还需要人工控制温度、光照、湿度等。实验室内的地面、墙壁和顶棚要采用最少产生灰尘的建筑材料。实验室内安装的洗手池、下水道的位置要适宜，不得给培养带来污染。实验室应有消火栓、报警装置等安全设施，以及防止昆虫、鸟类、鼠类等动物进入的设施。

1.1.1.1 组培实验室设计

（1）新建组培实验室地址的选择

1）理想的组培实验室应该建立在安静、清洁、远离污染源的地方，最好在常年主风向的上风方向，尽量减少污染。

2）选址不宜选择低洼、水位高的地带，而且排水一定要方便。

3）交通要便利，应该充分考虑物料、成苗的运输及工人上下班的便利性。

4）远离污染源，不得靠近主要交通干线及粉尘较多的区域。

5）为节省能源，充分利用自然光，实验室应向南建设，使采光面积和时数达到最大。

6）避免与温室、微生物实验室、昆虫实验室、种子或其他植物材料储藏室相邻，以免由于空气流通造成难以避免的污染。

（2）新建组培实验室水电配置

1）水路的设计要求：

①水源干净且充足，建议使用自来水或者井水（培养基配制需使用高纯水）。

②管路设计合理，可以满足各个功能间对不同水质的需求。

③排水要顺畅彻底，室内不可积水。

④分类排放，杜绝污染。

2）电路的设计要求：

①根据规模、设备确定组培工厂的用电量，配备合理的入户线缆。

②部分设备（高压消毒器等用电量大的设备）应该设立专线。

③合理的线路布局，易于故障排查及维护。

④要有专门的应急照明、安全出口指示等。

（3）空间布局

一个好的空间布局至少应该满足以下几个最基本的条件：一是有完备的功能间，可以进行流水化作业；二是能够区分人及物流通道，避免交叉；三是有洁净控制区与非控制区之分，区域之间有相应的过渡措施（图1-1）。

图1-1　组培实验室

标准的组培实验室应包括：洗涤室、贮存室、更衣室、配药室、培养基配制室、灭菌室、无菌室或接种室、培养室、观察室、温室或苗圃。

1）洗涤室：主要对组织培养用的玻璃器皿、塑料器皿和其他实验用具进行清洗，房间要配备自来水管、水池或水槽、工作台和各种清洗器具的洗涤试剂，地面要光滑坚硬，要求有很好的排水设施，为了保证玻璃器皿的洁净干燥，还需要配备电热鼓风干燥箱（烘箱）。见图1-2。

图 1-2　洗涤室

2）贮存室：用以对各类器皿和用具的存放和保管。植物组织培养需要较多的玻璃器皿，而且生产中的使用数量有一定周期性，宜用专门房间和专门货架、货柜等贮存，以免破损、脏污。见图 1-3。

图 1-3　贮存室

3）更衣室：主要用于衣服、鞋子更换，需要配备衣橱、洗手池、墩布池、洗衣机和各类清扫、清洁用品等。见图 1-4。

图 1-4　更衣室

4）配药室：主要用于药品的称量、溶解、储存，房间要配备实验台，低温冰箱或冰柜，各种橱架、药品柜及化学药品，各种型号的玻璃器皿或其他器皿，各种型号的天平和称量器具。见图 1-5。

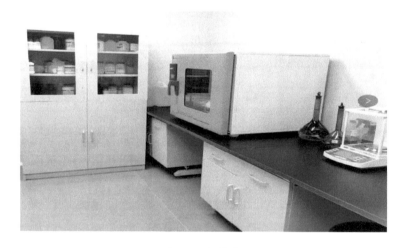

图 1-5　配药室

5）培养基配制室：主要用来完成培养基配制的各个环节的工作，如培养基的配制和分装等，要有较大的平面工作台或实验台，酸度计和搅拌器，蒸馏水器、离子交换系统或其他过滤渗透系统。见图 1-6。

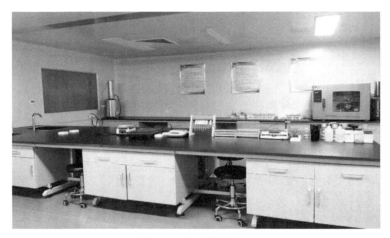

图 1-6　培养基配制室

6）灭菌室：用于对培养基、玻璃器皿及接种工具的灭菌，一般采用医用或微生物研究用的手提式高压蒸汽灭菌锅，或大型的立式、卧式高压灭菌锅。灭菌室室内应装备水、电、煤气等有关设备，墙壁宜防潮湿、耐高温。见图 1-7。

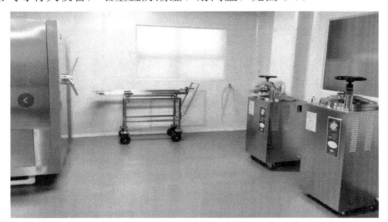

图 1-7　灭菌室

7）无菌操作室（接种室）：接种室应该保证洁净、无菌，目前多用超净工作台来代替这种要求严格的接种室。除超净工作台外，应配备接种用的酒精灯、各种医用镊子、解剖刀、手术刀、接种针、贮藏 70%～75%酒精棉球的广口瓶、试管架和载物台等工具。见图 1-8。

图 1-8　无菌操作室（接种室）

8）培养室：用于对植物组织器官、细胞或原生质体等外植体的各阶段的培养。为了达到培养所需的各种光照、温度、湿度、空气等条件，要在培养室安装监测这些条件因子的仪器，如温度计、湿度计、照度计或自动监测记录温度、湿度的装置等，一般要用自动控温的空调、加热器、制冷机、电炉等。根据培养材料与方法的不同，还需配置各种摇床、转床等特殊设备。见图 1-9。

图 1-9　培养室

9）观察室：用于对培养材料及培养后结果的观察、鉴定、记录和分析。一般要配置高倍显微镜、倒置显微镜、实体显微镜、恒温箱、切片机、烤片台、恒温浴、滴瓶、载玻片、盖玻片等制片观察设备，还要配置记录本、绘图及照相或录像设备，用以记录观察结果。如果是研究性实验室，还需配备更多的仪器，用以细胞学方面的研究，同时应有摄影室或暗室，进行摄影、显影、印像、放大等操作。见图1-10。

图 1-10　观察室

10）温室或苗圃：用来对培养的再生植株进行驯化和移栽。温室或苗圃对于从培养室或实验室培养后的试管苗仍不能作为成品苗出售的生产性实验是必要的。温室或苗圃除应配备一定的供水设施外，还要有弥雾装置、荫篷、移植床、钵、盆、塑料布、草炭、蛭石、粗沙及其他一些移栽和管理设备。见图1-11。

图 1-11　温室或苗圃

（4）组培实验室设计实例

见图 1-12。

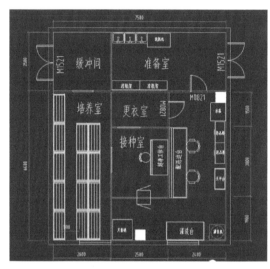

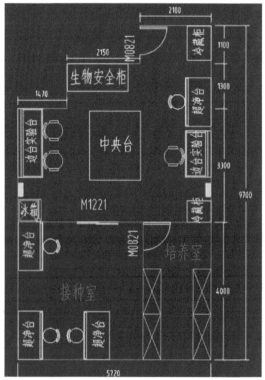

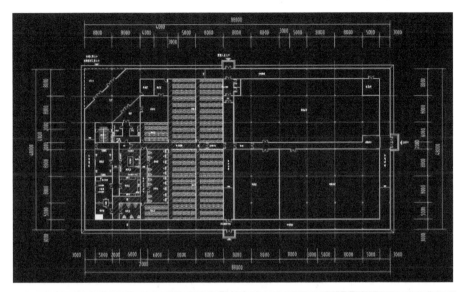

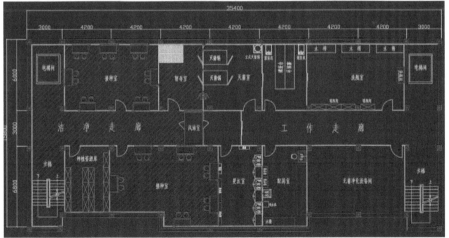

图 1-12　组培实验室设计实例

1.1.1.2　组培实验室设备

组培实验室的设备包括：洗涤用具、培养基配制用具、称量用具和器皿溶解、盛装与培养器具、接种用器械、超净工作台、其他接种材料准备用器具、培养用器具（培养架、摇床、生物反应器等）、观察鉴定用器具、移栽驯化用工具等。

不同规模组培实验室的设备配备见表 1-1，部分设备实图见图 1-13。

表 1-1　不同规模组培实验室设施、仪器、设备的配备

作坊式组培室	教学实验用组培室	中型生产用组培室 （10 万～20 万苗/a）	大型组培工厂 （50 万～100 万苗/a）
一间房间	准备间	储物间	净化系统
药品柜	接种间	洗涤间	储物间
超净工作台	缓冲间	药品间	洗涤间
培养架	培养间	更衣室	药品间
电炉或电磁炉	塑料棚	配药室	更衣室
立式高压锅	超净工作台	接种间	配药室
冰箱	立式高压锅	缓冲间	接种间
塑料桶	人工气候箱	培养间	缓冲间
不锈钢锅	冰箱	日光温室	培养间
三角瓶	空调	温室大棚	日光温室
试管	电炉或电磁炉	办公室	温室大棚
广口瓶	培养架	药品柜	办公室
量筒	天平	实验台	药品柜
移液管	酸度计（pH 试纸）	超净工作台	实验台
接种用具	塑料桶	培养架	超净工作台
pH 试纸	不锈钢锅	立式高压灭菌锅	培养架
其他用品	药品柜	卧式高压灭菌锅	立式高压灭菌锅
	烧杯	灌装机	卧式高压灭菌锅
	组培专用瓶	蒸馏水发生器	灌装机
	三角瓶	冰箱	蒸馏水发生器
	试管	空调	洗瓶机
	广口瓶	分析天平	温湿度计
	量筒	电子天平	显微镜
	移液管（移液枪）	电炉或电磁炉	喷雾器
	接种用具	酸度计（pH 试纸）	冰箱
	其他用品	不锈钢锅	分析天平
		组培专用瓶	电子天平
		烧杯	电炉或电磁炉
		三角瓶	酸度计（pH 试纸）
		试管	不锈钢锅
		广口瓶	专用培养容器
		量筒	烧杯

作坊式组培室	教学实验用组培室	中型生产用组培室 （10万～20万苗/a）	大型组培工厂 （50万～100万苗/a）
		移液管（移液枪）	三角瓶
		接种用具	试管
		其他用品	广口瓶
			量筒
			移液管（移液枪）
			接种用具
			其他用品

图 1-13　组培实验室部分设备

1.1.2 组织培养操作程序

1.1.2.1 各类器皿的洗涤与消毒

（1）器皿洗涤与灭菌

新购置玻璃器皿（或已用过的玻璃器皿）均用 1%稀氯化氢（HCl）浸渍 12 h 后用洗衣粉洗涤，清水冲洗，晾干备用。其他清洁液配方见表 1-2。

表 1-2　其他清洁液配方

配方成分	弱液	强液	常用配方
重铬酸钾/g	50	60	100
浓硫酸/ml	100	800	200
蒸馏水/ml	1 000	200	800

（2）塑料用品洗涤

新的塑料器皿打开即用。如果是已用过的塑料器皿，用 2%氢氧化钠（NaOH）浸泡 12 h，清水冲洗，再用 2%～5%盐酸浸泡 30 min，清水冲洗，蒸馏水冲洗，晾干备用。

（3）消毒方法

物理方法：干热（160～180℃，1.5～2.0 h）、湿热（121℃，20～40 min）、射线处理、物理除菌、过滤、离心、沉淀等。

化学方法：消毒剂、抗菌素灭菌。

常用消毒剂消毒灭菌比较见表 1-3，高压灭菌时饱和蒸汽压力与其对应温度见表 1-4。

表 1-3　常用消毒剂消毒灭菌比较

消毒剂	使用浓度/%	去除难易	消毒时间/min	效果
次氯酸钙	9～10	易	5～30	很好
次氯酸钠	2	易	5～30	很好
漂白粉	饱和溶液	易	5～30	很好
溴水	1～2	易	2～10	很好
过氧化氢	10～12	最易	5～15	好

消毒剂	使用浓度/%	去除难易	消毒时间/min	效果
升汞	0.1～1	较难	2～10	最好
酒精	70～75	易	0.2～2	好
抗生素	4～5（mg/L）	中	30～60	较好
硝酸银	1	较难	5～30	好

表1-4 饱和蒸汽压力与其对应温度

饱和蒸汽压力		温度/℃	饱和蒸汽压力		温度/℃
kg/cm²	lb/m²		kg/cm²	lb/in²	
0.0	0	100		15	121.0
0.141	2	103.6		16	122.0
0.281	4	106.9	1.055	18	124.1
0.442	6	109.8	1.125	20	126.0
0.563	8	112.6	1.266	22	127.8
0.703	10	115.2	1.406	24	129.6
0.844	12	117.6	1.543	30	134.5
0.984	14	119.9	1.681	50	147.6

注：1 kg/cm²≈0.098 MPa；1 lb/in²=1/145 MPa。

1.1.2.2 培养基种类及配制

（1）培养基种类

按培养基形态不同分：固体培养基、液体培养基。

按培养过程不同分：初代培养基、继代培养基。

按作用不同分：诱导培养基、增殖培养基、生根培养基。

按营养水平不同分：基本培养基、完全培养基。

（2）植物组织培养常用培养基成分

1）无机盐。

氮：枝叶生长需要氮素，缺氮，老叶先发黄；氮过量，枝叶会过度茂盛。

磷：缺磷，植株生长缓慢，老叶呈暗紫色。

钾：钾可促进花卉生长健壮，增强抗性，茎秆挺拔。缺钾，叶尖、叶缘会枯焦，叶片呈皱曲状，老叶发黄或呈火烧状。

钴：缺钴，叶片会失绿而卷曲，整个叶片向上弯曲凋枯。

2）有机物。

碳水化合物：选用种类为蔗糖、葡萄糖、果糖等。工厂化生产时可用白糖。其作用有：①为细胞提供合成新物质的碳骨架；②为细胞的呼吸代谢提供底物和能量；③维持渗透压。蔗糖浓度：一般使用浓度为2%～3%，胚状体培养时浓度采用4%～15%。

维生素：种类为 VB_1（盐酸硫胺素）、VB_6（盐酸吡哆醇）、VB_3（烟酸）、VC（抗坏血酸）。其作用：VB_1 促进愈伤组织产生，提高活力；VB_6 促进根生长；VB_3 与植物代谢和胚的发育有关；VC 防止组织褐变。维生素浓度为 0.1～1.0 mg/L。

氨基酸：种类为甘氨酸、精氨酸、谷氨酸、谷氨酰胺、天冬氨酸、天冬酰胺、丙氨酸等。因培养基种类不同，使用氨基酸的种类和浓度也不相同。

肌醇：又称环己六醇，主要在糖类的转化中起作用。

天然复合物：种类为椰乳、香蕉泥、马铃薯汁液、水解酪蛋白。椰乳主要促进愈伤组织和细胞培养，用量为 10%～20%，使用时需要注意茎尖大小。香蕉泥用量为 150～200 mg/L，多应用在兰花的组织培养中。马铃薯汁液主要促进壮苗，用量为 150～200 g/L。水解酪蛋白应用在微茎尖培养中，浓度为 100～200 mg/L。

3）植物生长调节剂。

培养基的各种成分中，对培养物影响最大、最显著的就是植物激素。激素的种类、浓度以及配比都会显著影响愈伤组织的形成，不定根、不定芽的分化，胚状体的形成等。通常，不同植物或不同品种，甚至同一植物不同位置对激素的要求都有很大的区别，这主要取决于植物的内源激素水平。植物激素的种类主要为生长素类和细胞分裂素类。

生长素类：在自然界中，生长素影响茎和节间的伸长、向光性，有促进生根、抑制器官脱落、性别控制、延长休眠、顶端优势、单性结实等作用，在组织培养中主要促进细胞分裂和根的分化，诱导愈伤组织形成。常用的生长素有 IAA（吲哚乙酸）、NAA（奈乙酸）、2,4-D（二氯苯氧乙酸）、IBA（吲哚丁酸）等。溶于 95% 酒精或 0.1 mol/L 的 NaOH 中（NaOH 的溶解效果更好），配成一定浓度后，置冰箱冷藏保存。

细胞分裂素类：自然界中，细胞分裂素影响细胞分裂、顶端优势的变化和茎的分化等，在组织培养中主要促进细胞分裂和分化，诱导胚状体和不定芽的形成，延缓组织的衰老并增强蛋白质的合成，用于离体成花的调控，常与生长素相互配合使用。常用的细胞分裂素有：KT（激动素）、6-BA（6-卞基腺嘌呤）、2-IP（异戊烯腺嘌呤）、玉米素等。细胞分裂素溶于 0.5～1.0 mol/L 的盐酸或稀薄的 NaOH 中，配成一定浓度后，置冰箱冷藏保存。

植物组织培养常用培养基成分见表 1-5。

表 1-5　植物组织培养常用培养基成分　　　　　单位：mg/L

类别	成分	White 培养基	Heller 培养基	MS 培养基	ER 培养基	B₅ 培养基	Nitsch 培养基	N₆ 培养基
无机物	NH_4NO_3	—	—	1 650	1 200	—	720	—
	KNO_3	80	—	1 900	1 900	2 527.5	950	2830
	$CaCl_2 \cdot 2H_2O$	—	75	440	440	150	—	166
	$CaCl_2$	—	—	—	—	—	166	—
	$MgSO_4 \cdot 7H_2O$	750	250	370	370	246.5	185	185
	KH_2PO_4	—	—	170	340	—	68	400
	$(NH_4)_2SO_4$	—	—	—	—	134	—	463
	$Ca(NO_3)_2 \cdot 4H_2O$	300	—	—	—	—	—	—
	$NaNO_3$	—	600	—	—	—	—	—
	Na_2SO_4	200	—	—	—	—	—	—
	$NaH_2PO_4 \cdot H_2O$	19	125	—	—	150	—	—
	KCl	65	750	—	—	—	—	—
	KI	0.75	0.01	0.83	—	0.75	—	0.8
	H_3BO_3	1.5	1	6.2	0.63	3	10	1.6
	$MnSO_4 \cdot 4H_2O$	5	0.1	22.3	2.23	—	25	4.4
	$MnSO_4 \cdot H_2O$	—	—	—	—	10	—	—
	$ZnSO_4 \cdot 7H_2O$	3	1	8.6	—	2	10	1.5
	$ZnNa_2 \cdot EDTA$	—	—	—	15	—	—	—
	$Na_2MoO_4 \cdot 2H_2O$	—	—	0.25	0.025	0.25	0.25	—
	MoO_3	0.001	—	—	—	—	—	—
	$CuSO_4 \cdot 5H_2O$	0.01	0.03	0.025	0.002 5	0.025	0.025	—
	$CoCl_2 \cdot 6H_2O$	—	—	0.025	0.002 5	0.025	—	—
	$AlCl_3$	—	0.03	—	—	—	—	—
	$NiCl_2 \cdot 6H_2O$	—	0.03	—	—	—	—	—

类别	成分	White 培养基	Heller 培养基	MS 培养基	ER 培养基	B_5 培养基	Nitsch 培养基	N_6 培养基
无机物	$FeCl_3 \cdot 6H_2O$	—	1	—	—	—	—	—
	$Fe_2(SO_4)_3$	2.5	—	—	—	—	—	—
	$FeSO_4 \cdot 7H_2O$	—	—	27.8	27.8	—	27.8	27.8
	$Na_2\text{-}EDTA \cdot 2H_2O$	—	—	37.3	37.3	—	37.3	37.3
	$NaFe \cdot EDTA$	—	—	—	—	28	—	—
有机物	肌醇	—	—	100	—	100	100	—
	烟酸（VB_3）	0.05	—	0.5	0.5	1	5	0.5
	盐酸吡哆醇（VB_6）	0.01	—	0.5	0.5	1	0.5	0.5
	盐酸硫胺素（VB_1）	0.01	—	0.1	0.5	10	0.5	1
	甘氨酸（$CH\text{-}COOH\ NH_2$）	3	—	2	2	—	2	2
	叶酸	—	—	—	—	—	0.5	—
	生物素	—	—	—	—	—	0.05	—
	蔗糖	2%	—	3%	4%	2%	2%	5%

（3）几种常见培养基的特点

1）MS 培养基：1962 年由 Murashige 和 Skoog 为培养烟草细胞而设计。其特点是无机盐和离子浓度较高，氮、钾和硝酸盐的含量高，含有一定数量的铵盐，营养丰富，不需要添加更多的有机附加物，为较稳定的平衡溶液。其养分的数量和比例较合适，可满足植物的营养和生理需要。它的硝酸盐含量较其他培养基高，广泛地用于植物的器官、花药、细胞和原生质体培养，效果良好。有些培养基是由它演变而来的。

2）White 培养基：1943 年由 White 为培养番茄根尖而设计，1963 年作了改良，提高了 $MgSO_4$ 的浓度，增加了硼元素，无机盐浓度较低，在生根培养、胚胎培养中使用有良好的效果。

3）B_5 培养基：1968 年由 Gamborg 等为培养大豆根细胞而设计。含有较低的铵盐、较高的硝酸盐和盐酸硫胺素。这可能对不少培养物的生长有抑制作用。实践得知，有些植物在 B_5 培养基上生长更适宜，如双子叶植物特别是木本植物。

4）N_6 培养基：1974 年由朱至清等为水稻等禾谷类作物花药培养设计，硝酸钾（KNO_3）和硫酸氢铵（NH_4SO_4）含量高，不含钼。

沙棘组培多以 MS 为基本培养基，也有使用 B_5 或改良 B_5 培养基的，见表 1-6。

表 1-6　沙棘组培常用培养基

外植体	培养基	发生/诱导激素浓度/（mg/L）	增殖激素浓度/（mg/L）	增殖倍数	生根培养基激素浓度/（mg/L）	生根情况
茎尖、子叶、下胚轴、胚根	MS	1/4MS+BA0.3+NAA0.002+CH 500	1/4MS+6-BA0.1+NAA0.004	3～4		无根苗浸生根剂处理可明显提高生根率，缩短生根时间
辽阜一号茎尖	MS		1/3MS+BA0.5+IBA0.2	3.35	1/3MS+IBA0.5+NAA0.2	
辽阜二号茎尖	MS		1/3MS+BA0.5+IBA0.2	2.14	1/3MS+IBA0.2	
乌兰沙林沙棘和中国沙棘水培茎尖	MS		1/4MS+BA0.8+NAA0.05+Sugar 20～30 g/L	3.01	1/4MS+IBA0.5+Sugar 20 g/L	
茎段	MS		1/2MS+BA0.5～1.0+IAA0.5	2.9		
愈伤组织（诱导难度为：子叶＞胚根＞下胚轴＞茎尖）	MS	1/4MS+2-4D0.3				上子叶诱导率为90.3%，胚根65.9%
愈伤组织（子叶）	MS	1/4MS+KT0.5+NAA0.05+Sugar 20 g/L+agar6 g/L				上愈伤组织诱导率76.67%，不经转接即可分化不定芽
休眠茎段	B_5	1/2MS+IBA02+Sugar15 g/L+agar 4.6 g/L				待腋芽长大后，剪下置于相同培养基上培养获得生根苗

（4）培养基配制

配制培养基应做好几点工作：实验用具的准备，包括配制过程中所需的电炉、酸度计、高压灭菌锅等设备及其他玻璃器皿的清洗和试剂、药品的准备，根据培养基的配方、母液扩大倍数及需要配制的培养基体积，计算所需各种母液及其他附加物的量。

具体操作如下：取规定数量的糖源和凝固剂置于烧杯或搪瓷锅内，加蒸馏水加热使之溶解，并不断搅拌，根据计算所需量依次加入大量元素、微量元素、铁盐、有机物、生长调节物质母液及其他特殊的附加物，搅拌均匀，加水定容至规定体积，调整培养基的pH、分装、封口（图1-14）。

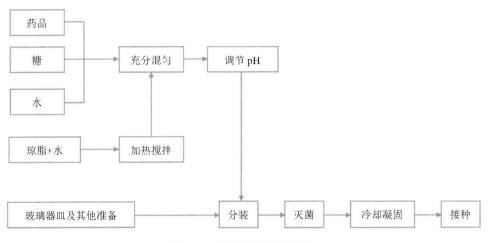

图1-14 培养基配制示意图

培养基灭菌：组织培养必须在无菌环境中进行，因此培养基的灭菌操作非常重要。培养基分装封口后应立刻进行灭菌，至少在24 h内完成灭菌程序。一般采用的是高压蒸汽灭菌，高温高压湿热灭菌法压力在 $9.8×10^4$～$10.8×10^4$ Pa，温度在 121℃，灭菌时间见表1-7。

检验方法：灭菌后的培养基经冷却和凝固后即可使用，将培养基置于培养室中 3 d，若没有污染现象，说明灭菌可靠。

培养基的保存：常温下保存时要进行防尘和避光处理，保存时间不可过长。暂时不用的培养基最好置于10℃下保存，含 IAA 或 GA_3 的培养基应在 1 周内用完，其他培养基保存时间最多不要超过 1 个月。

表 1-7　培养基高压蒸汽灭菌所必须的最少时间

容器容积/ml	在 121℃下所需要的最少消毒灭菌时间/min
20～50	15
75	20
250～500	25
1 000	30
1 500	35
2 000	40

1.1.2.3　无菌操作

无菌操作流程如图 1-15 所示。

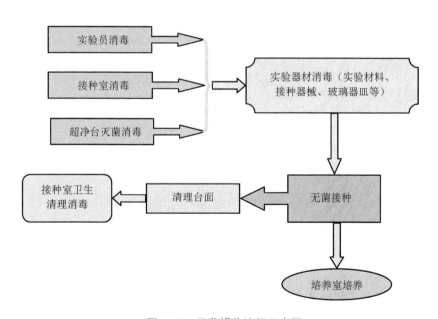

图 1-15　无菌操作流程示意图

（1）实验员消毒

洗净双手，消毒，更换实验服、帽子与鞋子，进入接种室，用 70%～75%的酒精擦拭工作台和双手。

（2）接种室、超净工作台灭菌

接种室和超净工作台灭菌流程如图 1-16 所示。

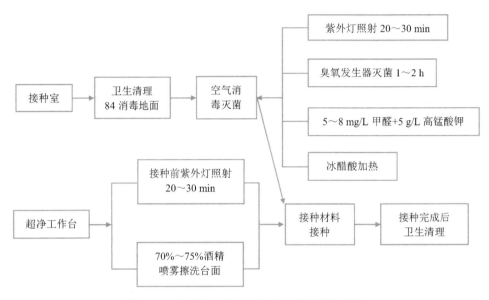

图 1-16　接种室和超净工作台灭菌流程示意图

（3）实验器材灭菌

清洗干净的玻璃器皿、接种工具等耐高压的物品通过干热或湿热灭菌后，放入超净工作台内，用蘸有 70%～75%酒精的纱布擦拭盛培养基的培养器皿，把解剖刀、剪刀、镊子等器械浸泡在 95%的酒精中，再在火焰上消毒，放在器械架上。

（4）无菌接种

在酒精灯火焰附近切割备用的接种材料，打开瓶口，用火焰灼烧瓶口，转动瓶口使瓶口各部分都烧到，取下接种器械，在火焰上消毒，把培养材料放入培养瓶，盖上瓶口。接种结束后，清理和关闭超净工作台。注意：操作期间应随时用 70%～75%的酒精擦拭工作台和双手；接种器械应反复在 95%的酒精中浸泡和在火焰上灼烧消毒。

无菌接种全过程见图1-17：

工作台消毒

酒精擦手

酒精浸泡接种工具

器械消毒

酒精灯灼烧

玻璃器皿消毒

旋转灼烧

取材

修剪

接种

封口

培养

图1-17 无菌接种全过程

1.1.3　组织培养阶段

植物组织培养大体上可以划分为 5 个阶段：零阶段、无菌培养体系建立阶段、增殖扩繁阶段、生根培养阶段、移栽驯化阶段。这样的阶段划分不仅是对组织培养流程的描述，也代表了需要对培养条件进行改变的关键节点，见图 1-18。

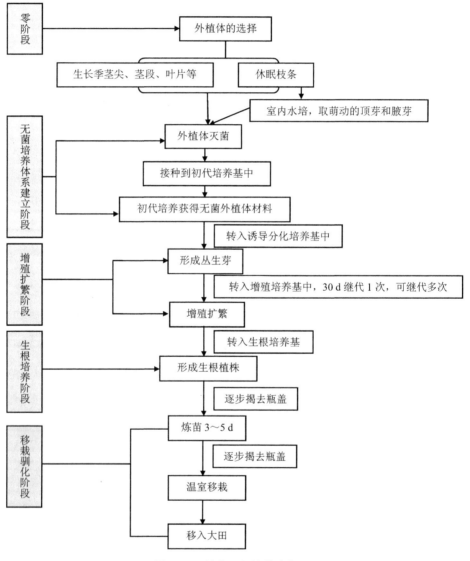

图 1-18　植物组织培养流程

1.1.3.1 零阶段

（1）外植体的选择

在组培实验开始前，必须慎重选择外植体材料。不同品种、不同器官之间的分化能力有巨大差异，培养的难易程度不同。为保证植物组织培养获得成功，选择合适的外植体是非常重要的。见图1-19。

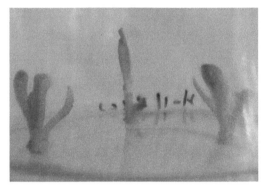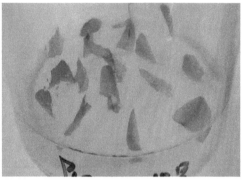

图1-19　外植体

1）选择优良的种质及母株。选取性状优良的种质、特殊基因型和生长健壮的无病虫害植株。

2）选择适当的时期。对大多数植物而言，应在其开始生长时或生长旺季采样，此时材料内源激素含量高，容易分化，不仅成活率高，而且生长速度快，增殖率高。若在生长末期或已进入休眠期时采样，则外植体可能对诱导反应迟钝或无反应。花药培养应在花粉发育到单核靠边期时取材，这时比较容易形成愈伤组织。

3）选取适宜的大小。培养材料的大小应根据植物种类、器官和目的来确定。通常情况下，快速繁殖时叶片、花瓣的面积为 5 mm^2，其他培养材料的大小为 0.5～1.0 cm。如果是胚胎培养或脱毒培养的材料，则应更小。材料太大，不易彻底消毒，污染率高；材料太小，多形成愈伤组织，甚至难以成活。

4）外植体来源要丰富。为了建立一个高效而稳定的植物组织离体培养体系，往往需要反复实验，并要求实验结果具有可重复性。因此，就需要外植体材料丰富并容易获得。

5）外植体要易于消毒。在选择外植体时，应尽量选择带杂菌少的器官或组织，降低初代培养时的污染率。一般地上组织比地下组织消毒容易，一年生组织比多年生组织消毒容易，幼嫩组织比老龄和受伤组织消毒容易。

（2）外植体取材的部位

植物组织培养的材料几乎包括了植物体的各个部位，如茎尖、茎段、花瓣、根、叶、子叶、鳞茎、胚珠和花药等。

（3）外植体的消毒

植物组织培养用的外植体大部分取自田间，表面附着大量的微生物，这是组织培养的一大障碍，因此在材料接种培养前必须消毒处理。消毒一方面要求把材料表面上的各种微生物杀灭，另一方面又不能损伤或只轻微损伤组织材料而不影响其生长。外植体的消毒处理是植物组织培养工作中的重要一环。

表 1-8　常用消毒剂的使用方法及效果

消毒剂	使用浓度/%	消毒时间/min	去除的难易	消毒效果	对植物毒害
升汞	0.1～0.2	2～10	较难	最好	剧毒
酒精	70～75	0.1～1	易	好	有
次氯酸钠	2	5～30	易	很好	无
漂白精粉	饱和溶液	5～30	易	很好	低毒
过氧化氢	10～12	5～15	最易	好	无
新洁尔灭	0.5	30	易	很好	很小
硝酸银	1	5～30	较难	好	低毒
抗菌素	0.4～5	30～60	中	较好	低毒

理想的消毒剂应具有的特点：消毒效果好，易被无菌水冲洗掉或能自行分解，对材料损伤小，对人体及其他生物无害，来源广泛，价格低廉。

1.1.3.2　无菌培养体系建立阶段

本阶段的主要目标是建立起外植体的无菌培养体系。成功的标志是外植体没有微生物污染，并且有一定的生长，例如茎尖生长或愈伤组织形成。本阶段通常会有大量的外植体接种，经过短期培养后应将有污染出现的培养容器丢弃掉，不再继续培养，最终获得达目标数量的无污染且表现生长良好的外植体。见图 1-20。

图 1-20　无菌培养

1.1.3.3　增殖扩繁阶段

　　本阶段的主要目标是繁殖扩增无菌苗的数量，例如，侧芽的生长、不定芽的产生、体细胞胚的形成和微型储藏器官（块茎和鳞茎）的形成。本阶段产生的繁殖体通常再次进入增殖循环中，以扩增到需要的数量。见图 1-21。

图 1-21　增殖扩繁

1.1.3.4 生根培养阶段

通常需要将无根苗转入生根培养基中进行生根，为降低成本，还可将未生根的芽转出组培瓶外进行生根培养。生根的优劣主要体现在根系质量（粗度、长度）和根系数量（条数）方面，不仅要求不定根比较粗壮，更要有较多的毛细根，以扩大根系的吸收面积，增强根系的吸收能力，提高移栽成活率。见图1-22。

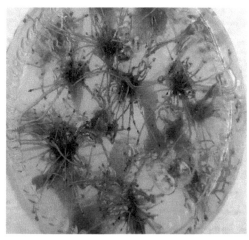

图 1-22　生根培养

1.1.3.5 移栽驯化阶段

本阶段中，组培苗从组培瓶转入温室驯化培养。组培苗生长细弱，茎、叶表面角质层不发达，茎、叶呈绿色，但叶绿体的光合作用较差。叶片气孔数目少，活性差，根的吸收功能弱，对逆境的适应和抵抗能力差，因此本阶段至关重要，如果操作不当，会造成大量损失。不同试验条件下的试管苗见图1-23。

通常组培苗从组培容器中取出后，需要洗净根上的琼脂，转入移栽基质中。在驯化早期，需要高湿度和低光强的条件，随后逐渐降低湿度和增加光强，直到适应温室环境。

移栽驯化基质的选择、移栽的方法是影响试管苗移栽成活率的主要因素。

提高试管苗移栽成活率的途径：提高试管苗的生根质量，加强移栽前炼苗，保证组培苗移栽基质质量，做好移栽前的根系处理，加强湿度控制、温度控制和光照控制。

试管苗的移栽驯化见图1-24。

(a) 高温且恒温下　　(b) 高湿度下　　(c) 弱光照下　　(d) 无菌下

图 1-23　不同试验条件下的试管苗

图 1-24　试管苗移栽驯化

1.1.4　培养条件

1）植物组织培养的整个操作和培养过程都要求在严格的无菌条件下进行，无菌是组织培养成功的首要条件。操作过程在接种室内超净工作台上进行；外植体材料要进行表面消毒；配制的培养基要进行高压灭菌消毒。

2）温度处理操作和培养过程都在恒温条件下进行。接种后的材料放入培养室或培养箱内培养，温度一般为（22±2）℃，热带植物可偏高些，脱毒植物需要高温处理。

3）光照处理植物的器官必须有光，某些植物器官的生成是在无光条件下，但它的生长和发育必须有光。茎尖的生长及试管苗的继代增殖以 3 000～5 000 lx 光照强度为适宜；生根试管苗以 3 000 lx 为适宜。光质对愈伤组织诱导、增殖及器官的分化有不同影响。光周期诱导一般是光照 16 h、黑暗 12 h，对光周期敏感植物要掌握光照时间，否则会影响植物的分化。有的材料需要暗培养。定期观察进行继代培养（或转接培养）。

4）培养基的酸碱度因植物种类不同而有区别，大多数植物要求在 5～6.5，一般培养基皆要求 5.8，喜酸性培养的植物对酸碱度的要求较严格。

沙棘培养条件：温度 22～26℃，湿度 70%～80%，光照强度 2 000 lx，光照时间 12～14 h/d。温度对组培苗的生长影响较大，温度过高会抑制其生长。

1.1.5　组织培养中常见的几个问题

1.1.5.1　污染的原因及其预防措施

污染：组织培养中污染是经常发生的，常见的污染病原是细菌和真菌两大类。细菌污染常在接种 1～2 d 后表现，主要症状是培养基表面出现黏液状菌斑。真菌污染一般在接种 3 d 以后才表现，主要症状是培养基上出现绒毛状菌丝，然后形成不同颜色的孢子层。污染的原因：一是接种和培养环境不清洁；二是外植体、培养基和培养器皿带菌；三是操作人员未遵守操作规程；四是培养容器原因，包括盖子和封口膜等。图 1-25 为受污染的培养基。

污染的预防措施：在防止材料带菌方面，选择适当的取材时间、材料与培养方式，对外植体灭菌；在防止用具带菌方面，对器皿和金属器械灭菌；操作室要处于无菌状态，工作室、培养室的灭菌要按照操作程序进行；在培养基中加入抗菌素分散接种。

图 1-25　受污染的培养基

1.1.5.2　外植体的褐变及其预防措施

褐变是指外植体在培养过程中体内的多酚氧化酶被激活后，细胞内的酚类物质氧化成棕褐色醌类物质，这种致死性的褐化物不但向外扩散致使培养基逐渐变成褐色，而且还会抑制其他酶的活性，严重影响外植体的脱分化和器官分化，最后导致外植体褐变而死亡。见图 1-26。

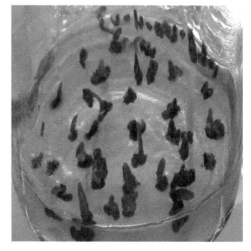

图 1-26　外植体褐变

影响褐变的因素有：植物种类，一般木本植物，单宁、色素含量高的植物易发生褐变；基因型；外植体的生理状态，一般幼龄材料、幼嫩器官和组织、春季取外植体，褐变发生较轻；培养基的成分，培养基中 BA 或 KT 能促进褐变发生，而生长素类（如 IAA）可减轻褐变发生；培养材料转接时间，培养时间运长，会引起褐变物的积累。

褐变的预防措施：选择适宜的外植体和最佳培养基；适当降低培养基无机盐浓度，降低 pH，降低细胞分裂素水平等，可显著减轻培养物褐变；连续转接；加抗氧化剂，如硫代硫酸钠、抗坏血酸；加活性碳；加多胺类物质，如精胺、亚精胺。

1.1.5.3　培养物的玻璃化现象及其预防措施

培养物增殖培养时，若细胞分裂素浓度过高或细胞分裂素与生长素相对含量高，培养基中离子种类比例不适，琼脂浓度低，培养环境不良，如温度过低或过高，光照时间过长及通气不良，易造成组培苗含水量高，茎叶透明，出现畸形，发生玻璃化现象。见图 1-27。

图 1-27　培养物的玻璃化现象

玻璃化现象的预防措施：适当控制培养基中无机盐的浓度；适当控制培养基中蔗糖和琼脂的浓度；适当降低细胞分裂素和赤霉素的浓度；增加自然光照，控制光照时间，控制好温度，改善培养皿的气体交换状况；在培养基中添加其他物质。

1.2 沙棘植物组织培养

　　沙棘作为我国"三北"地区经济和生态建设的最主要树种之一，市场急需且需求量大，但当前沙棘种植种子繁殖变异大、长期进行营养繁殖后品种易退化，且市场品种混杂、良莠不齐等问题严重，是制约沙棘产业发展的重要原因之一。

　　沙棘组培快繁具有保持亲本的优良性状、繁殖速度快等优点，与扦插技术相结合，是短期内迅速扩繁、获得大量良种苗木的唯一途径和方法，具有无可比拟的先进性和优越性，在生产上可快速获得良种的遗传增益。本实验以沙棘良种芽、茎尖、叶片等为试验材料，通过多年的组织培养，首次建立了沙棘组织培养快繁技术体系，解决了沙棘组织培养过程中存在的关键技术问题，为沙棘苗木无性快繁提供了新技术；首次建立了沙棘无菌苗叶片快繁体系，拓宽了获得沙棘无菌苗的途径；首次创建了沙棘组培苗瓶外生根技术，解决了沙棘组培苗生根困难的问题，为沙棘组培规模化快繁提供了新途径；对沙棘组培苗规模化生产技术流程做了优化，为生产应用提供了理论依据和技术保障。

1.2.1 沙棘组织培养快繁体系建立

　　沙棘的繁殖方式很多，常规林木繁育方法都能采用，但在良种由单株到规模化生产且要保证品质的前提下，只能选择特定组织培养的繁育方法，通过初代培养、继代培养、生根培养和移栽炼苗等组织培养关键技术来进行繁育。沙棘成树及果实见图1-28。

图1-28　沙棘成树及果实

1.2.1.1　外植体的选择与处理

试验材料为 5 个沙棘良种（新棘 1～5 号）、3 个沙棘品种（深秋红、辽阜 1 号、辽阜 2 号），选择沙棘枝条水培芽和大田沙棘幼嫩茎尖为外植体材料，见图 1-29。

（a）、（b）水培芽　　　　（c）5～6 月大田芽　　　　（d）7～8 月大田芽

图 1-29　沙棘外植体

对从室外剪取的休眠枝条，取回后在自来水下冲洗数次，剪成 20～35 cm 长的短枝置于干净的桶中水培，自然光培养。自来水每 1～2 d 更换一次，并及时去除枝条基部的腐烂部分。待水培枝条萌发芽尖至 0.5～2 cm 时摘下，在自来水下冲洗 10～15 min，蒸馏水刷洗 3～5 遍后准备消毒接种。

另一种是采集当年生的嫩尖，去除过多的叶片，带顶芽留长 3～5 cm，用洗衣粉水刷洗、软毛刷刷洗等方法除去表层灰尘，再用自来水冲洗 10～30 min，冲洗后用蒸馏水刷洗 3～5 遍即可进行消毒接种。

消毒方法：0.1%的 $HgCl_2$ 消毒 2～3 min，无菌蒸馏水冲洗 6 次，将茎尖放在灭菌的滤纸上将水分吸干，切成 0.5～1.5 cm 长，将茎尖基部叶片剥离，接种于初代培养基上。

1.2.1.2　沙棘初代培养

动物细胞培养和植物细胞培养都有初代培养。植物细胞初代培养旨在获得无菌材料和无性繁殖系，即接种某些外植体后最初的几代培养。初代培养时，常用诱导或分化培养基，即培养基中含有较多的细胞分裂素和少量的生长素。

（1）不同接种时间对沙棘初代生长情况的影响

以新棘 1 号为试材，以 1/4MS 为基本培养基，附加 0.3 mg/mL 的 6-BA，3%蔗糖，0.6%琼脂，pH 为 5.8。从 10 月至翌年 8 月取外植体接种培养，发现不同取材时间下，沙棘茎尖初代生长情况存在很大的差异，见表1-9。

表1-9　不同接种时间对沙棘芽生长的影响

外植体采集时间/（月.日）	接种类型	接种数/个	无菌苗成活率/%	真菌污染率/%	细菌污染率/%	玻璃化苗率/%	褐化率/%	成活25 d生长情况
10.26	水培芽	300	93.67	0.67	4.33	6.33	1.67	植株健壮，苗高可达3 cm，伸长生长，无侧芽形成
11.22	水培芽	300	90.00	0	8.33	7.00	1.00	植株健壮，苗高可达3 cm，伸长生长，无侧芽形成
12.24	水培芽	300	88.67	0	10.33	7.67	0.67	植株健壮，苗高均可达3 cm，伸长生长，无侧芽形成
1.31	水培芽	300	89.67	0	9.67	11.00	0.67	成活的苗畸形苗、玻璃化苗多，植株伸长生长，无侧芽形成
2.20	水培芽	300	85.67	0	11.33	11.67	0.33	畸形苗，玻璃化苗增多，无侧芽形成
3.15	水培芽	300	92.33	1.67	3.67	9.67	3.33	苗生长较快，伸长生长，无侧芽
4.15	水培芽	300	91.67	2.67	4.33	8.33	5.33	苗生长较快，伸长生长，无侧芽
5.31	大田芽	300	92.67	5.00	0	7.33	6.67	主茎尖部分褐化，从叶腋处发出大量的侧芽，玻璃化苗多。主茎尖不褐化的苗伸长生长，无侧芽
6.28	大田芽	300	90.33	6.67	0	2.67	9.67	主茎尖全部褐化，从叶腋处发出大量的侧芽，侧芽生长速度较快，干尖现象较严重
7.15	大田芽	300	87.33	9.33	0	2.33	15.33	主茎尖全部褐化，从叶腋处发出大量的侧芽，侧芽生长速度较快，干尖现象较严重
8.10	大田芽	300	88.33	10.67	0	1.67	22.33	主茎尖全部褐化，从叶腋处发出大量的侧芽，侧芽生长速度较快，干尖现象较严重

由表 1-9 可见，从 10 月底至翌年 8 月初，茎尖未退化成刺之前均可以采集沙棘茎尖或枝条水培后接种外植体，且有较高的无菌成活率。10 月底至翌年 2 月，采集的枝条水培约 15 d 后才可接种，接种 7 d 后芽开始伸长生长，基部无愈伤，无侧芽形成。25 d 左右，苗高可达 3 cm 以上。1—2 月水培芽接种后畸形苗和玻璃化苗明显增多，细菌性污染较重。3—4 月，由于休眠芽已经开始萌动，采集的枝条水培 5～7 d 就可接种，接种后芽生长快、茎叶粗大、健壮，培养 15 d 后芽高达 2.5 cm 左右。5 月采集的大田芽接种 7 d 后部分主茎尖褐化死亡，但是在叶腋处会有侧芽形成，15 d 左右侧芽开始生长，30 d 侧芽可达 2.5 cm。但 5 月形成的侧芽玻璃化芽和畸形芽较多。6—8 月，接种大田芽 7 d 后主茎尖全部开始褐化逐渐死亡，叶腋处萌发出大量的侧芽，30 d 左右侧芽长至 2.5 cm，初代即可实现快繁目的。但 6—8 月侧芽干尖现象较为严重，真菌污染率较高。

　　（2）不同消毒方式及时间对沙棘初代生长情况的影响

　　本实验以新棘 1 号水培芽和大田芽为试材，通过 HgCl₂、HgCl₂+75%酒精和 75%酒精 3 种消毒方式后，接种在以 1/4MS 为初代基本培养基，附加 0.3 mg/L 的 6-BA、3%蔗糖、0.6%琼脂、pH 为 5.8 的培养基上，以确定不同的消毒方式及时间对沙棘初代生长情况的影响，结果见表 1-10。

表 1-10　消毒方式及时间对沙棘初代生长情况的影响

| 芽类型 | 消毒试剂及时间 | | 接种数/个 | 真菌污染数/个 | 细菌污染数/个 | 无菌成活数/个 | 真菌污染率/% | 细菌污染率/% | 无菌苗成活率/% |
	0.1%HgCl₂	75%酒精							
水培芽	1 min		90	12	25	49	13.33	27.78	54.44
	2 min		90	1	7	81	1.11	7.78	90.00
	3 min		90	0	3	11	0	3.33	12.22
	4 min		90	0	0	0	0	0	0
	5 min		90	0	0	0	0	0	0
	1 min	10 s	90	0	0	0	0	0	0
	2 min	10 s	90	0	0	0	0	0	0
	3 min	10 s	90	0	0	0	0	0	0

芽类型	消毒试剂及时间		接种数/个	真菌污染数/个	细菌污染数/个	无菌成活数/个	真菌污染率/%	细菌污染率/%	无菌苗成活率/%
	0.1%HgCl$_2$	75%酒精							
大田芽	1 min		90	78	5	6	86.67	5.56	6.67
	2 min		90	27	4	59	30.00	4.44	65.56
	3 min		90	6	0	85	6.67	0	94.44
	4 min		90	1	0	23	1.11	0	25.56
	5 min		90	0	0	7	0	0	7.78
	1 min	10 s	90	23	0	21	25.56	0	23.33
	2 min	10 s	90	8	0	13	8.89	0	14.44
	3 min	10 s	90	0	0	0	0	0	0.00

由表 1-10 可以看出，沙棘对酒精比较敏感，仅 10 s 就会造成沙棘芽褐化死亡，水培芽成活率基本为零。大田芽抗性稍强，成活率也仅有 23.33%。水培芽仅用 0.1%HgCl$_2$ 消毒 1 min，暗培养 3 d 后取出，芽色泽正常，继续培养，细菌污染严重；用 0.1%HgCl$_2$ 消毒 2 min，暗培养 3 d 后取出，芽色泽正常，继续培养，真菌和细菌污染较低，可获得极高的无菌苗成活率；当 HgCl$_2$ 消毒达到 3 min 时，暗培养 3 d 后取出，大部分芽尖部发黑，并逐渐褐化死亡，成活率低；消毒达到 4 min 后，接种水培芽基本褐化死亡。大田芽用 0.1%HgCl$_2$ 消毒 2 min 以下，暗培养 3 d 后取出，茎尖色泽绿色，褐化较轻，个别茎尖出现真菌污染现象，继续培养，真菌污染现象严重，污染率可达到 86.67%；用 0.1%HgCl$_2$ 消毒 3 min 效果最佳，细菌污染率为零，真菌污染率 6.67%，成活率达到 94.44%，随着消毒时间的延长，大田芽真菌污染率也随之下降，但芽成活率也下降，大部分主茎尖完全褐化死亡，仅个别芽叶腋处会有腋芽生长。

（3）6-BA 对沙棘初代生长情况的影响

本实验对 5 个沙棘良种和 3 个沙棘品种进行了激素配比试验。以 1/4MS 或 1/2MS 为基本培养基，在 6-BA 中添加了 IAA、IBA 的培养基，接种芽初期叶膨大，绿色，茎尖几乎不生长，15 d 后基部出现淡绿色愈伤组织，茎尖上部开始变黄，30 d 后基部愈伤变成褐色，大部分茎尖枯死。经过多次试验，证实沙棘初代培养中仅使用 6-BA 即可得到较高的诱导率，不适宜添加 IAA、IBA 等生长素。

由表 1-11 可以看出，5 个沙棘良种和 3 个沙棘品种在适宜的基本培养基基础上，添加不同浓度的 6-BA 均可获得无菌苗。当 6-BA 浓度高于 0.5 mg/L 时，新棘 3 号、新棘 4 号和新棘 5 号也有较高的诱导率，但是诱导出的侧芽多为玻璃化苗和畸形苗，新长出的侧芽黑尖现象严重，组培苗长势较弱。5 个沙棘良种和 3 个沙棘品种随着 6-BA 浓度的升高，诱导率随之下降，诱导出的芽细长，长势弱。综上，经分析可得，5 个沙棘良种和 3 个沙棘品种初代使用 1/2MS 或 1/4MS 为基本培养基，添加 6-BA 0.3～0.5 mg/L，可获得较好的诱导率，并且植株生长健壮，可作为不考虑品种差异下普遍试用的方案。沙棘水培芽、大田芽接种生长情况见图 1-30、图 1-31。

表 1-11 6-BA 对沙棘初代诱导的影响

品种	基本培养基	激素配比 6-BA	接种茎尖数/个	诱导率/%	平均分化不定芽数/个	确定初代培养基
新棘 1 号	1/2MS	1.0	90	0	0	1/4MS+6-BA 0.3～0.5 mg/L
		0.7	90	1.1	0.01	
		0.5	90	3.3	0.07	
		0.3	90	7.8	0.16	
		0.1	90	2.2	0.06	
	1/4MS	1.0	90	12.2	0.23	
		0.7	90	23.3	0.47	
		0.5	90	41.1	1.22	
		0.3	90	75.6	2.27	
		0.1	90	38.9	0.78	
新棘 2 号	1/2MS	1.0	90	18.9	0.37	1/2MS+6-BA 0.3～0.5 mg/L
		0.7	90	47.8	0.97	
		0.5	90	78.9	2.38	
		0.3	90	82.2	2.47	
		0.1	90	45.6	0.90	

品种	基本培养基	激素配比 6-BA	接种茎尖数/个	诱导率/%	平均分化不定芽数/个	确定初代培养基
新棘2号	1/4MS	1.0	90	0	0	1/2MS+6-BA 0.3～0.5 mg/L
		0.7	90	3.3	0.08	
		0.5	90	3.3	0.06	
		0.3	90	2.2	0.06	
		0.1	90	1.1	0.03	
新棘3号	1/2MS	1.0	90	0	0	1/4MS+6-BA 0.3～0.5 mg/L，当6-BA >0.5 mg/L 时虽有较高的分化率，但是多为玻璃化苗、畸形苗
		0.7	90	0	0	
		0.5	90	0	0	
		0.3	90	3.3	0.02	
		0.1	90	1.1	0.01	
	1/4MS	1.0	90	94.4	2.81	
		0.7	90	93.3	2.80	
		0.5	90	92.2	2.78	
		0.3	90	88.9	2.69	
		0.1	90	67.8	1.37	
辽阜1号	1/2MS	1.0	90	78.9	1.59	1/2MS+6-BA 0.3～0.5 mg/L，当6-BA >0.5 mg/L 时虽有较高的分化率，但是多为玻璃化苗、畸形苗
		0.7	90	82.2	2.47	
		0.5	90	96.7	2.92	
		0.3	90	97.8	3.91	
		0.1	90	81.1	1.62	
	1/4MS	1.0	90	2.2	0.04	
		0.7	90	10.0	0.20	
		0.5	90	16.7	0.34	
		0.3	90	22.2	0.47	
		0.1	90	17.8	0.38	

品种	基本培养基	激素配比 6-BA	接种茎尖数/个	诱导率/%	平均分化不定芽数/个	确定初代培养基
新棘4号	1/2MS	1.0	90	0	0	1/4MS+6-BA 0.3~0.5 mg/L，当6-BA>0.5 mg/L 时虽有较高的分化率，但是多为玻璃化苗、畸形苗
		0.7	90	0	0	
		0.5	90	0	0	
		0.3	90	0	0	
		0.1	90	0	0	
	1/4MS	1.0	90	88.9	1.79	
		0.7	90	92.2	2.79	
		0.5	90	96.7	2.89	
		0.3	90	97.8	3.41	
		0.1	90	82.2	1.64	
深秋红	1/2MS	1.0	90	0	0	1/4MS+6-BA 0.3~0.5 mg/L
		0.7	90	1.1	0.02	
		0.5	90	1.1	0.04	
		0.3	90	2.2	0.03	
		0.1	90	0	0	
	1/4MS	1.0	90	23.3	0.47	
		0.7	90	36.7	0.73	
		0.5	90	72.2	2.17	
		0.3	90	81.1	1.63	
		0.1	90	51.1	1.03	
新棘5号	1/2MS	1.0	90	7.8	0.16	1/4MS+6-BA 0.3~0.5 mg/L，当6-BA>0.5 mg/L 时虽有较高的分化率，但是多为玻璃化苗、畸形苗
		0.7	90	5.6	0.11	
		0.5	90	2.2	0.06	
		0.3	90	3.3	0.08	
		0.1	90	1.1	0.03	

品种	基本培养基	激素配比 6-BA	接种茎尖数/个	诱导率/%	平均分化不定芽数/个	确定初代培养基
新棘5号	1/4MS	1.0	90	93.3	2.81	1/4MS+6-BA 0.3～0.5 mg/L，当6-BA＞0.5 mg/L时虽有较高的分化率，但是多为玻璃化苗、畸形苗
		0.7	90	96.7	2.92	
		0.5	90	97.8	3.91	
		0.3	90	97.8	3.93	
		0.1	90	96.7	1.93	
辽阜2号	1/2MS	1.0	90	0	0	1/4MS+6-BA 0.3～0.5 mg/L
		0.7	90	0	0	
		0.5	90	0	0	
		0.3	90	0	0	
		0.1	90	0	0	
	1/4MS	1.0	90	27.8	0.56	
		0.7	90	67.8	1.37	
		0.5	90	78.9	2.38	
		0.3	90	76.7	2.30	
		0.1	90	48.9	0.97	

（a）新棘1号　　　（b）新棘2号　　　（c）新棘3号　　　（d）辽阜1号

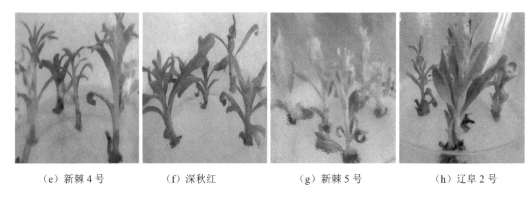

（e）新棘 4 号　　　　（f）深秋红　　　　（g）新棘 5 号　　　　（h）辽阜 2 号

图 1-30　沙棘水培芽初代生长情况

（a）新棘 1 号　　　　（b）新棘 2 号　　　　（c）新棘 3 号　　　　（d）辽阜 1 号

（e）新棘 4 号　　　　（f）深秋红　　　　（g）新棘 5 号　　　　（h）辽阜 2 号

图 1-31　沙棘大田芽初代生长情况

（4）温度对沙棘组培苗的影响

温度最重要的作用是决定植物呼吸速度和控制植物组织代谢过程中的化学反应。在植物组织培养中，不同植物繁殖的最适温度不同，为此，我们在湿度、光照强度、光照时间可控的智能环境下，设置了 15℃、20℃、25℃、30℃、35℃共 5 个温度梯度，每个梯度接种 5 个沙棘良种和 3 个沙棘品种各 90 棵（30 瓶），在适宜的培养基下连续培养 40 d，计算初代培养的沙棘苗的成活率、诱导率、平均分化不定芽数，确定适宜的培养温度，结果见表 1-12。

表 1-12　温度对沙棘组培苗的影响

品种	温度/℃	接种数/个	成活率/%	不定芽诱导率/%	平均诱导不定芽数/个	品种	温度/℃	接种数/个	成活率/%	不定芽诱导率/%	平均诱导不定芽数/个
新棘1号	15	90	51.11	23.33	0.70	新棘4号	15	90	46.67	24.44	0.86
	20	90	78.89	53.33	1.60		20	90	88.89	84.44	2.96
	25	90	95.56	74.44	2.23		25	90	97.78	96.67	3.38
	30	90	75.56	47.78	1.43		30	90	72.22	68.89	2.41
	35	90	6.667	1.11	0.03		35	90	0	0	0
新棘2号	15	90	40.00	31.11	0.96	深秋红	15	90	17.78	13.33	0.39
	20	90	81.11	60.00	1.86		20	90	71.11	63.33	1.84
	25	90	93.33	82.22	2.55		25	90	80.00	71.11	2.06
	30	90	64.44	46.67	1.96		30	90	65.56	57.78	1.68
	35	90	10.00	3.33	0.14		35	90	0	0	0
新棘3号	15	90	57.78	31.11	0.93	新棘5号	15	90	22.22	16.67	0.67
	20	90	93.33	78.89	2.37		20	90	88.89	80	3.20
	25	90	98.89	92.22	2.77		25	90	98.89	96.67	3.87
	30	90	78.89	60.00	1.80		30	90	67.78	62.22	2.49
	35	90	12.22	6.67	0.20		35	90	6.667	1.11	0.04
辽阜1号	15	90	27.78	16.67	0.67	辽阜2号	15	90	20.00	17.78	0.55
	20	90	78.89	72.22	2.89		20	90	75.56	68.89	2.14
	25	90	98.89	97.78	3.99		25	90	80.00	78.89	2.45
	30	90	75.56	62.22	2.49		30	90	68.89	62.22	1.93
	35	90	4.444	1.11	0.04		35	90	2.222	0	0

由表 1-12 可以看出，温度对 5 个沙棘良种和 3 个沙棘品种的影响较为显著。结合试验中观察到的现象可知，当温度低于 15℃时，培养的外植体组织生长缓慢或停滞，接种茎尖逐渐死亡。温度在 20℃时，外植体植株生长缓慢，接种 10 d 后芽才开始发生变化，伸长生长，15 d 后基部叶腋处有侧芽长出。长出的侧芽较细弱，颜色偏淡绿色。温度在 30℃时，接种外植体可以成活，且前期生长较快，但瓶壁内水珠较多，分化的不定芽玻璃化现象严重。温度在 35℃时，接种外植体成活率极低，叶腋处基本不分化不定芽。温度在 25℃时，接种茎尖生长最旺盛，接种 7 d 后芽开始伸长生长，叶腋处有芽点出现，并逐渐分化成不定芽，30 d 后苗高可达 3 cm 以上，植株生长健壮，色泽正常。综合 5 个沙棘良种和 3 个沙棘品种的实验情况，我们选择 25℃为沙棘组织培养的最佳温度，并将该温度应用于继代和生根培养中。

（5）培养环境空气相对湿度对沙棘组培苗的影响

培养容器内的湿度主要受培养基的影响，相对湿度可达 100%，而培养室的湿度随季节会有很大变动，它可以影响培养基的水分蒸发。我们在温度、光照强度、光照时间可控的智能环境下，设置（40±2）%、（50±2）%、（60±2）%、（70±2）%、（80±2）%共 5 个湿度梯度，每个梯度接种 5 个沙棘良种和 3 个沙棘品种各 90 棵（30 瓶），在适宜的培养基下连续培养 40 d，记录初代培养沙棘苗的干枯情况和玻璃化情况，确定适宜的培养环境湿度，结果见表 1-13。

表 1-13　培养环境空气相对湿度对沙棘组培苗的影响

测定指标	品种	接种数/个	湿度设置梯度				
			（40±2）%	（50±2）%	（60±2）%	（70±2）%	（80±2）%
干枯率/%	新棘 1 号	90	35.56	14.44	7.78	4.44	3.33
	新棘 2 号	90	45.56	18.89	8.89	5.56	4.44
	新棘 3 号	90	30.00	8.89	2.22	1.11	1.11
	辽阜 1 号	90	42.22	17.78	3.33	3.33	1.11
	新棘 4 号	90	32.22	11.11	1.11	1.11	0
	深秋红	90	38.89	15.56	6.67	4.44	2.22
	新棘 5 号	90	18.89	6.67	2.22	0	0
	辽阜 2 号	90	51.11	22.22	10.00	6.67	4.44

测定指标	品种	接种数/个	湿度设置梯度				
			（40±2）%	（50±2）%	（60±2）%	（70±2）%	（80±2）%
玻璃化苗率/%	新棘1号	90	2.22	2.22	3.33	7.78	14.44
	新棘2号	90	2.22	3.33	4.44	8.89	15.56
	新棘3号	90	0	1.11	2.22	6.67	13.33
	辽阜1号	90	0	1.11	1.11	5.56	12.22
	新棘4号	90	1.11	2.22	3.33	7.78	14.44
	深秋红	90	2.22	3.33	4.44	8.89	15.56
	新棘5号	90	4.44	4.44	5.56	10.00	21.11
	辽阜2号	90	3.33	5.56	6.67	11.11	17.78

由表 1-13 结合试验观察可以看出，培养室空气相对湿度在（40±2）%时，5 个沙棘良种和 3 个沙棘品种接种茎尖在 7 d 时开始萎缩，15 d 干枯死亡，新棘 2 号干枯死亡率达到了 45.56%。同时，由于我们使用的是透气性瓶盖，培养室空气相对湿度较低，内外气体交换造成瓶内培养基干涸得较快，这改变了各种成分的浓度，使渗透压升高，从而影响了组培苗的生长和分化。低湿度下苗玻璃化现象较轻。当培养室空气相对湿度在（80±2）%时，接种茎尖干枯、失水死亡的较少，但是由于瓶内高湿，外界环境也是高湿，使得苗玻璃化现象加重，新棘 5 号在适宜培养基、温度和光照条件下玻璃化苗率达到了 21.11%，且外界环境湿度过高会造成杂菌滋生，导致大量污染。通过表 1-13我们综合分析，5 个沙棘良种和 3 个沙棘品种适宜的培养湿度为（60±2）%，并将该湿度也应用于继代和生根培养中。

（6）沙棘初代培养小结

1）从 10 月底至翌年 8 月初，茎尖未退化成刺之前均可采集沙棘茎尖或是枝条水培后接种外植体，且有较高的无菌成活率。

2）确定沙棘适宜的消毒方式，水培芽 $HgCl_2$ 消毒 2 min，大田芽 $HgCl_2$ 消毒 3 min。沙棘茎尖对酒精敏感，不适宜用酒精进行消毒。

3）确认 5 个沙棘良种和 3 个沙棘品种初代最适培养基如下：

新棘 1 号，1/4MS+6-BA0.2 mg/L +蔗糖 3%+琼脂 0.6%；

新棘 2 号，1/2MS+6-BA0.3 mg/L +蔗糖 3%+琼脂 0.6%；

新棘 3 号，1/4MS+6-BA0.5 mg/L +蔗糖 3%+琼脂 0.6%；

辽阜 1 号，1/2MS+6-BA0.3 mg/L +蔗糖 3%+琼脂 0.6%；

新棘 4 号，1/4MS+6-BA0.3 mg/L +蔗糖 3%+琼脂 0.6%；

深秋红，1/4MS+6-BA0.5 mg/L +蔗糖 3%+琼脂 0.6%；

新棘 5 号，1/4MS+6-BA0.2 mg/L +蔗糖 3%+琼脂 0.6%；

辽阜 2 号，1/4MS+6-BA0.4 mg/L +蔗糖 3%+琼脂 0.6%。

适宜的培养温度为 25℃，湿度为 50%～70%，光照强度为 2 000～3 000 lx，光照时间为 13～16 h/d。

1.2.1.3　沙棘继代培养

继代培养是指对来自于外植体所增殖的培养物（包括细胞、组织或其切段）通过更换新鲜培养基及不断切割或分离，进行连续多代的培养。

（1）沙棘无菌苗茎尖继代培养

将初代无菌苗茎尖切下 0.5 cm 左右，去掉基部叶片，接入继代培养基中。继代培养基以初代培养基为基础，以 1/4MS 或 1/2MS 为基本培养基，添加不同浓度的 6-BA 和 IAA 配制而成。经过大量的转接实验，筛选出 5 个沙棘良种和 3 个沙棘品种茎尖适宜的继代培养基（见表 1-14～表 1-22）。

表 1-14　新棘 1 号茎尖继代培养基筛选

基本培养基	激素/（mg/L）		接种数/个	腋芽诱导率/%	腋芽诱导系数	愈伤诱导率/%	不定芽诱导率/%	平均诱导不定芽数/个	增殖系数	30d 苗高3 cm百分率/%
	6-BA	IAA								
1/4MS	0.3		90	28.90	0.73	70.00	23.30	0.44	1.17	85.6
	0.5		90	30.00	0.60	74.44	17.78	0.41	1.01	75.6
	0.3	0.2	90	2.22	0.04	58.89	3.33	0.08	0.12	12.2
	0.3	0.3	90	5.56	0.11	68.89	7.78	0.18	0.29	10
	0.5	0.2	90	10.00	0.20	78.89	12.22	0.29	0.49	14.4
	0.5	0.3	90	7.78	0.16	87.78	13.33	0.31	0.47	7.7

由表 1-14 结合试验观察可知，新棘 1 号适宜的茎尖继代培养基为 1/4MS+6-BA 0.3 mg/L，增殖系数达到 1.17，苗高较高，侧芽较多，苗生长健壮，30 d 后 3 cm 苗高率达到了 85.6%。当添加 IAA 后，7 d 后出现绿色愈伤，愈伤诱导率较高，但茎尖停止生长，15 d 以后愈伤褐化，茎尖发黄，30 d 后茎尖发黄枯死，愈伤褐化严重，个别的有腋芽和不定芽形成。

由表 1-15 结合试验观察可知，新棘 2 号适宜的茎尖继代培养基为 1/4MS+6-BA 0.3 mg/L，增殖系数达到 1.43，苗生长健壮，30 d 后 3 cm 苗高率达到了 71.1%。当 6-BA 浓度达到 0.5 mg/L 时，苗玻璃化现象明显增多。在 1/2MS 培养基中仅添加 6-BA，接入茎尖 7 d 后，苗伸长生长，个别茎尖叶腋处有腋芽形成，15 d 后苗停止生长，叶片开始脱落，并逐渐死亡，仅叶腋处形成的芽还可成活。添加 IAA 后，初期仅在基部形成大量透明愈伤，15 d 后愈伤变褐色，无不定芽形成，接种茎尖逐渐死亡。这可能与 MS 培养基中无机盐浓度过高有关，导致苗长势受到了阻碍。

表 1-15　新棘 2 号茎尖继代培养基筛选

基本培养基	激素/（mg/L）		接种数/个	腋芽诱导率/%	腋芽诱导系数	愈伤诱导率/%	不定芽诱导率/%	平均诱导不定芽数/个	增殖系数	30 d 苗高 3 cm 百分率/%
	6-BA	IAA								
1/4MS	0.3		90	25.56	0.51	83.33	31.11	0.92	1.43	71.1
	0.5		90	18.89	0.38	76.67	21.11	0.63	1.01	51.1
	0.3	0.2	90	5.56	0.11	81.11	2.22	0.07	0.18	17.8
	0.3	0.3	90	4.44	0.09	84.44	6.67	0.20	0.29	4.4
	0.5	0.2	90	10.00	0.20	90.00	8.89	0.27	0.47	6.7
	0.5	0.3	90	14.44	0.29	92.22	12.22	0.37	0.66	3.3
1/2MS	0.3		90	12.22	0.24	0	0	0	0.24	1.1
	0.5		90	7.78	0.16	0	0	0	0.16	0
	0.3	0.2	90	0	0	58.89	0	0	0	0
	0.3	0.3	90	0	0	67.78	0	0	0	0
	0.5	0.2	90	0	0	83.33	0	0	0	0
	0.5	0.3	90	0	0	88.89	0	0	0	0

由表 1-16 可知，新棘 3 号适宜的茎尖继代培养基为 1/4MS+6-BA0.5 mg/L+IAA0.2 mg/L，增殖系数达到 1.69，苗生长健壮，接入茎尖 7 d 后，基部出现淡绿色愈伤，愈伤率达到 94.44%，15 d 后愈伤处开始分化出不定芽，部分茎尖叶腋处分化出腋芽，长势较好。在仅有 6-BA 的培养基中，腋芽诱导率较高，愈伤诱导率及分化不定芽较少，分化的腋芽长势快，30 d 即可达到 3 cm 高度。

表 1-16　新棘 3 号茎尖继代培养基筛选

基本培养基	激素/（mg/L）		接种数/个	腋芽诱导率/%	腋芽诱导系数	愈伤诱导率/%	不定芽诱导率/%	平均诱导不定芽数/个	增殖系数	30 d 苗高3 cm百分率/%
	6-BA	IAA								
1/4MS	0.3		90	13.33	0.27	51.11	7.78	0.23	0.50	42.2
	0.5		90	8.89	0.18	56.67	5.56	0.17	0.34	34.4
	0.3	0.2	90	5.56	0.11	64.44	16.67	0.50	0.61	18.9
	0.3	0.3	90	6.67	0.13	65.56	18.89	0.57	0.70	17.8
	0.5	0.2	90	11.11	0.22	94.44	48.89	1.47	1.69	7.8
	0.5	0.3	90	10.00	0.20	91.11	35.56	1.07	1.27	2.1

由表 1-17 结合试验观察可知，辽阜 1 号适宜的茎尖继代培养基为 1/4MS+6-BA0.3 mg/L，增殖系数达到 1.31，增殖苗生长健壮，伸长生长较快，30 d 后 3 cm 苗高率达到 88.9%。在 1/2MS 培养基中，无论是单独使用 6-BA 还是 6-BA 混合 IAA 使用，均不能获得较高的增殖率。

表 1-17　辽阜 1 号茎尖继代培养基筛选

基本培养基	激素/（mg/L）		接种数/个	腋芽诱导率/%	腋芽诱导系数	愈伤诱导率/%	不定芽诱导率/%	平均诱导不定芽数/个	增殖系数	30 d 苗高3 cm百分率/%
	6-BA	IAA								
1/4MS	0.3		90	25.56	0.51	84.44	26.67	0.80	1.31	88.9
	0.5		90	23.33	0.47	80.00	23.33	0.70	1.17	62.2
	0.3	0.2	90	8.89	0.18	84.44	6.67	0.20	0.38	21.1
	0.3	0.3	90	5.56	0.11	86.67	8.89	0.27	0.38	13.3
	0.5	0.2	90	2.22	0.04	88.89	12.22	0.37	0.41	8.9
	0.5	0.3	90	1.11	0.02	90.00	16.67	0.50	0.52	5.6

基本培养基	激素/（mg/L）		接种数/个	腋芽诱导率/%	腋芽诱导系数	愈伤诱导率/%	不定芽诱导率/%	平均诱导不定芽数/个	增殖系数	30 d苗高3 cm百分率/%
	6-BA	IAA								
1/2MS	0.3		90	18.89	0.38	35.56	0	0	0.38	0
	0.5		90	14.44	0.29	43.33	0	0	0.29	0
	0.3	0.2	90	3.33	0.07	51.11	0	0	0.07	0
	0.3	0.3	90	5.56	0.11	58.89	2.22	0.07	0.18	0
	0.5	0.2	90	3.33	0.07	61.11	5.56	0.17	0.23	0
	0.5	0.3	90	2.22	0.04	62.22	6.67	0.20	0.24	0

由表 1-18 结合试验观察可知，新棘 4 号适宜的茎尖继代培养基为 1/4MS+6-BA 0.3 mg/L，增殖系数达到 1.72，增殖苗生长健壮，伸长生长较快，30 d 后 3 cm 苗高率达到 94.4%。在接种 7 d 后有部分苗基部出现白色的根源基，后逐渐有根形成，20 d 后苗快速生长，根部伸长生长，形成一株完整的植株。

表 1-18　新棘 4 号茎尖继代培养基筛选

基本培养基	激素/（mg/L）		接种数/个	腋芽诱导率/%	腋芽诱导系数	愈伤诱导率/%	不定芽诱导率/%	平均诱导不定芽数/个	增殖系数	30 d苗高3 cm百分率/%
	6-BA	IAA								
1/4MS	0.3		90	21.11	0.42	91.11	43.33	1.30	1.72	94.4
	0.5		90	18.89	0.38	92.22	23.33	0.70	1.08	71.1
	0.3	0.2	90	12.22	0.24	84.44	14.44	0.43	0.68	21.1
	0.3	0.3	90	7.78	0.16	87.78	12.22	0.37	0.52	16.7
	0.5	0.2	90	4.44	0.09	90.00	15.56	0.47	0.56	7.8
	0.5	0.3	90	2.22	0.04	93.33	16.67	0.50	0.54	6.7

由表 1-19 结合试验观察可知，深秋红适宜的茎尖继代培养基为 1/4MS+6-BA 0.3 mg/L，增殖系数达到 1.79，侧芽较多，腋芽诱导系数达到 0.69，植株生长旺盛。在添加 IAA 的培养基中，腋芽诱导率明显降低，初期在基部形成大量的淡绿色愈伤组织，茎尖停止生长，随着培养时间的延长，愈伤组织开始褐化，茎尖叶片脱落，30 d 后大部分茎

尖死亡，增殖系数较低。

表 1-19　深秋红茎尖继代培养基筛选

基本培养基	激素/（mg/L）		接种数/个	腋芽诱导率/%	腋芽诱导系数	愈伤诱导率/%	不定芽诱导率/%	平均诱导不定芽数/个	增殖系数	30 d 苗高 3 cm 百分率/%
	6-BA	IAA								
1/4MS	0.3		90	34.44	0.69	90.00	36.67	1.10	1.79	90.0
	0.5		90	30.00	0.60	83.33	23.33	0.70	1.30	67.8
	0.3	0.2	90	10.00	0.20	85.56	7.78	0.23	0.43	15.6
	0.3	0.3	90	6.67	0.13	80.00	10.00	0.30	0.43	4.4
	0.5	0.2	90	6.67	0.13	88.89	13.33	0.40	0.53	3.3
	0.5	0.3	90	3.33	0.07	92.22	15.56	0.47	0.53	5.6

由表 1-20 结合试验观察可知，新棘 5 号适宜的茎尖继代培养基为 1/4MS+6-BA 0.3 mg/L，增殖系数达到 1.53，茎尖伸长生长较快，接种 10 d 后部分苗有根形成，15 d 后茎尖开始快速伸长生长，在 25 d 时即有 90%以上的苗达到了 3 cm 高，30 d 后 3 cm 苗高率达 93.3%。

表 1-20　新棘 5 号茎尖继代培养基筛选

基本培养基	激素/（mg/L）		接种数/个	腋芽诱导率/%	腋芽诱导系数	愈伤诱导率/%	不定芽诱导率/%	平均诱导不定芽数/个	增殖系数	30 d 苗高 3 cm 百分率/%
	6-BA	IAA								
1/4MS	0.3		90	16.67	0.33	77.78	40.00	1.20	1.53	93.3
	0.5		90	21.11	0.42	73.33	25.56	0.77	1.19	80.0
	0.3	0.2	90	5.56	0.11	60.00	7.78	0.23	0.34	25.6
	0.3	0.3	90	7.78	0.16	62.22	12.22	0.37	0.52	18.9
	0.5	0.2	90	8.89	0.18	80.00	14.44	0.43	0.61	11.1
	0.5	0.3	90	8.89	0.18	82.22	21.11	0.63	0.81	7.8

由表 1-21 结合试验观察可知，辽阜 2 号适宜的茎尖继代培养基为 1/4MS+6-BA 0.3 mg/L，增殖系数为 1.28。其腋芽诱导能力及不定芽诱导能力在上述良种及品种中较弱。

沙棘优良品种的快繁技术

SHAJI YOULIANG PINGZHONG DE KUAIFAN JISHU

第1章

综合分析上述 5 个沙棘良种和 3 个沙棘品种的茎尖继代增殖情况，将最适宜的培养基列于表 1-22。

表 1-21　辽阜 2 号茎尖继代培养基筛选

基本培养基	激素/（mg/L）		接种数/个	腋芽诱导率/%	腋芽诱导系数	愈伤诱导率/%	不定芽诱导率/%	平均诱导不定芽数/个	增殖系数	30 d 苗高 3 cm 百分率/%
	6-BA	IAA								
1/4MS	0.3		90	15.56	0.31	51.11	32.22	0.97	1.28	36.7
	0.5		90	13.33	0.27	45.56	23.33	0.70	0.97	12.2
	0.3	0.2	90	6.67	0.13	41.11	5.56	0.17	0.30	7.8
	0.3	0.3	90	7.78	0.16	42.22	3.33	0.10	0.26	4.4
	0.5	0.2	90	10.00	0.20	55.56	10.00	0.30	0.50	2.2
	0.5	0.3	90	8.89	0.18	56.67	11.11	0.33	0.51	1.1

表 1-22　5 个沙棘良种和 3 个沙棘品种茎尖适宜继代培养基

品种	适宜继代培养基	接种数/个	腋芽诱导率/%	腋芽诱导系数	愈伤诱导率/%	不定芽诱导率/%	平均诱导不定芽数	增殖系数	30 d 苗高 3 cm 百分率/%
新棘 1 号	1/4MS+6-BA 0.3 mg/L	90	28.90	0.73	70.00	23.30	0.44	1.17	85.6
新棘 2 号	1/4MS+6-BA 0.3 mg/L	90	25.56	0.51	83.33	31.11	0.92	1.43	71.1
新棘 3 号	1/4MS+6-BA 0.5 mg/L +IAA0.2 mg/L	90	11.11	0.22	94.44	48.89	1.47	1.69	7.8
辽阜 1 号	1/4MS+6-BA 0.3 mg/L	90	25.56	0.51	84.44	26.67	0.80	1.31	88.9
新棘 4 号	1/4MS+6-BA 0.3 mg/L	90	21.11	0.42	91.11	43.33	1.30	1.72	94.4
深秋红	1/4MS+6-BA 0.3 mg/L	90	34.44	0.69	90.00	36.67	1.10	1.79	90.0
新棘 5 号	1/4MS+6-BA 0.3 mg/L	90	16.67	0.33	77.78	40.00	1.20	1.53	93.3
辽阜 2 号	1/4MS+6-BA 0.3 mg/L	90	15.56	0.31	51.11	32.22	0.97	1.28	36.7

在适宜培养基中，茎尖接种 7 d 后继续伸长生长，基部有少量淡绿色愈伤组织形成，继续培养 20 d，苗高可达 2 cm 以上，部分接种茎尖基部叶腋处长出侧芽，基部愈伤部分逐渐变成褐色，有少部分接种茎尖基部愈伤处出现绿色芽状突起，继续培养，芽状突起分化成苗（图 1-32）。

（a）新接茎尖　　　　　　　　　　（b）茎尖直立生长，无不定芽、腋芽生成

（c）基部叶腋处形成腋芽　　　　　　（d）基部愈伤处有不定芽生成

图 1-32　沙棘茎尖继代增殖培养情况

（2）沙棘无菌苗茎段继代培养

将初代无菌苗茎段切下 0.5 cm 左右，去掉基部叶片，接入增殖培养基中，筛选出 5 个沙棘良种和 3 个沙棘品种适宜茎段增殖的培养基（表 1-23）。

表1-23　5个沙棘良种和3个沙棘品种茎段继代培养基筛选

| 品种 | 培养基 | 激素/（mg/L） | | 接种数/个 | 腋芽诱导率/% | 腋芽诱导系数 | 愈伤诱导率/% | 不定芽诱导导率/% | 平均诱导不定芽数/个 | 增殖系数 |
		6-BA	IAA							
新棘1号	1/4MS	0.3		90	23.30	1.24	74.40	41.10	1.22	2.46
		0.5		90	20.00	0.60	76.67	36.67	1.83	2.43
		0.3	0.2	90	10.00	0.30	58.89	6.67	0.33	0.63
		0.3	0.3	90	7.78	0.23	56.67	7.78	0.39	0.62
		0.5	0.2	90	12.22	0.37	71.11	13.33	0.67	1.03
		0.5	0.3	90	8.89	0.27	75.56	10.00	0.50	0.77
新棘2号	1/4MS	0.3		90	58.89	1.77	47.78	7.78	0.39	2.16
		0.5		90	53.33	1.60	52.22	8.89	0.44	2.04
		0.3	0.2	90	28.89	0.87	68.89	14.44	0.72	1.59
		0.3	0.3	90	34.44	1.03	72.22	16.67	0.83	1.87
		0.5	0.2	90	57.78	1.73	87.78	33.33	1.67	3.40
		0.5	0.3	90	54.44	1.63	90.00	30.00	1.50	3.13
	1/2MS	0.3		90	17.78	0.53	0.00	0	0	0.53
		0.5		90	14.44	0.43	0.00	0	0	0.43
		0.3	0.2	90	2.22	0.07	78.89	0	0	0.07
		0.3	0.3	90	3.33	0.10	87.78	0	0	0.10
		0.5	0.2	90	0	0	84.44	0	0	0
		0.5	0.3	90	0	0	88.89	0	0	0
新棘3号	1/4MS	0.3		90	23.33	0.70	68.89	35.56	1.78	2.48
		0.5		90	17.78	0.53	72.22	30.00	1.50	2.03
		0.3	0.2	90	7.78	0.23	58.89	12.22	0.61	0.84
		0.3	0.3	90	8.89	0.27	60.00	15.56	0.78	1.04
		0.5	0.2	90	18.89	0.57	98.89	83.33	4.17	4.73
		0.5	0.3	90	14.44	0.43	96.67	63.33	3.17	3.60

品种	培养基	激素/（mg/L）		接种数/个	腋芽诱导率/%	腋芽诱导系数	愈伤诱导率/%	不定芽诱导率/%	平均诱导不定芽数/个	增殖系数
		6-BA	IAA							
辽阜1号	1/4MS	0.3		90	80.00	2.40	88.89	25.56	1.28	3.68
		0.5		90	68.89	2.07	91.11	21.11	1.06	3.12
		0.3	0.2	90	23.33	0.70	82.22	10.00	0.50	1.20
		0.3	0.3	90	25.56	0.77	84.44	12.22	0.61	1.38
		0.5	0.2	90	34.44	1.03	92.22	16.67	0.83	1.87
		0.5	0.3	90	36.67	1.10	93.33	13.33	0.67	1.77
	1/2MS	0.3		90	18.89	0.57	7.78	0	0	0.57
		0.5		90	14.44	0.43	8.89	0	0	0.43
		0.3	0.2	90	0	0	75.56	5.56	0.28	0.28
		0.3	0.3	90	0	0	81.11	7.78	0.39	0.39
		0.5	0.2	90	0	0	84.44	6.67	0.33	0.33
		0.5	0.3	90	0	0	88.89	4.44	0.22	0.22
新棘4号	1/4MS	0.3		90	51.11	1.53	96.67	68.89	3.44	4.98
		0.5		90	43.33	1.30	97.78	63.33	3.17	4.47
		0.3	0.2	90	16.67	0.50	82.22	23.33	1.17	1.67
		0.3	0.3	90	18.89	0.57	84.44	30.00	1.50	2.07
		0.5	0.2	90	34.44	1.03	97.78	34.44	1.72	2.76
		0.5	0.3	90	41.11	1.23	98.89	28.89	1.44	2.68
深秋红	1/4MS	0.3		90	24.44	0.73	95.56	64.44	3.22	3.96
		0.5		90	18.89	0.57	97.78	56.67	2.83	3.40
		0.3	0.2	90	6.67	0.20	78.89	12.22	0.61	0.81
		0.3	0.3	90	10.00	0.30	83.33	18.89	0.94	1.24
		0.5	0.2	90	12.22	0.37	98.89	26.67	1.33	1.70
		0.5	0.3	90	13.33	0.40	98.89	25.56	1.28	1.68

品种	培养基	激素/（mg/L）		接种数/个	腋芽诱导率/%	腋芽诱导系数	愈伤诱导率/%	不定芽诱导率/%	平均诱导不定芽数/个	增殖系数
		6-BA	IAA							
新棘5号	1/4MS	0.3		90	76.67	2.30	97.78	95.56	4.78	7.08
		0.5		90	60.00	1.80	96.67	82.22	4.11	5.91
		0.3	0.2	90	30.00	0.90	84.44	23.33	1.17	2.07
		0.3	0.3	90	34.44	1.03	90.00	25.56	1.28	2.31
		0.5	0.2	90	47.78	1.43	93.33	37.78	1.89	3.32
		0.5	0.3	90	50.00	1.50	97.78	35.56	1.78	3.28
辽阜2号	1/4MS	0.3		90	30.00	0.90	65.56	23.33	1.17	2.07
		0.5		90	24.44	0.73	67.78	18.89	0.94	1.68
		0.3	0.2	90	14.44	0.43	57.78	14.44	0.72	1.16
		0.3	0.3	90	15.56	0.47	61.11	13.33	0.67	1.13
		0.5	0.2	90	23.33	0.70	76.67	51.11	2.56	3.26
		0.5	0.3	90	21.11	0.63	78.89	40.00	2.00	2.63

由表 1-23 筛选出 5 个沙棘良种和 3 个沙棘品种适宜茎段的继代培养基，见表 1-24。

表 1-24　5 个沙棘良种和 3 个沙棘品种茎段适宜继代培养基

品种	适宜继代培养基	接种数/个	腋芽诱导率/%	腋芽诱导系数	愈伤诱导率/%	不定芽诱导率/%	平均诱导不定芽数/个	增殖系数	40 d 后长势
新棘1号	1/4MS+6-BA 0.3 mg/L	90	23.30	1.24	74.40	41.10	1.22	2.46	分化芽较多，长势健壮
新棘2号	1/4MS+6-BA 0.5 mg/L + IAA0.2 mg/L	90	57.78	1.73	87.78	33.33	1.67	3.40	分化芽较多，长势健壮，靠近培养基叶片也分化愈伤成芽
新棘3号	1/4MS+6-BA 0.5 mg/L + IAA0.2 mg/L	90	18.89	0.57	98.89	83.33	4.17	4.73	分化芽较多，长势健壮，靠近培养基叶片也分化愈伤成芽

品种	适宜继代培养基	接种数/个	腋芽诱导率/%	腋芽诱导系数	愈伤诱导率/%	不定芽诱导率/%	平均诱导不定芽数/个	增殖系数	40 d 后长势
辽阜1号	1/4MS+6-BA 0.3 mg/L	90	80.00	2.40	88.89	25.56	1.28	3.68	分化芽多，长势健壮
新棘4号	1/4MS+6-BA 0.3 mg/L	90	51.11	1.53	96.67	68.89	3.44	4.98	分化芽多，长势健壮，基部有根生成
深秋红	1/4MS+6-BA 0.3 mg/L	90	24.44	0.73	95.56	64.44	3.22	3.96	分化芽较多，长势健壮
新棘5号	1/4MS+6-BA 0.3 mg/L	90	76.67	2.30	97.78	95.56	4.78	7.08	分化芽多，长势健壮，基部有根生成
辽阜2号	1/4MS+6-BA 0.5 mg/L + IAA0.2 mg/L	90	23.33	0.70	76.67	51.11	2.56	3.26	分化芽较多，长势健壮

　　在适宜培养基中，茎段接种 7 d 后基部开始出现淡绿色非透明的愈伤组织，15 d 后愈伤组织开始有绿色芽点突起，20 d 后绿色突起分化出不定芽，30 d 不定芽可长至 1.5 cm。部分茎段接种 7 d 后叶腋处出现明显的芽苞，侧芽开始萌动，15 d 后侧芽开始伸长生长，30 d 可达 2.5 cm。接种茎段有侧芽萌发的，其基部愈伤组织分化能力减弱，并逐渐褐化，基本不分化不定芽（图 1-33）。

(a) 腋芽　　　　　　　　　　　(b) 既有腋芽又有不定芽生成

（c）愈伤组织生成不定芽

（d）愈伤组织生成不定芽，基部有根形成

图 1-33　沙棘茎段继代增殖培养情况

（3）沙棘无菌苗愈伤组织继代培养

将初代苗形成的愈伤组织切成块接种到增殖培养基中，经培养基筛选，获得沙棘愈伤组织适宜的继代培养基，见表 1-25。

表 1-25　5 个沙棘良种和 3 个沙棘品种愈伤组织继代培养基筛选

品种	基本培养基	激素/（mg/L）		接种数/个	不定芽诱导率/%	平均诱导不定芽数/个
		6-BA	IAA			
新棘 1 号	1/4MS	0.3		90	57.78	1.73
		0.5		90	60.00	1.80
		0.3	0.2	90	63.33	1.90
		0.3	0.3	90	67.78	2.03
		0.5	0.2	90	92.22	3.79
		0.5	0.3	90	87.78	3.34
新棘 2 号	1/4MS	0.3		90	96.67	4.32
		0.5		90	90.00	3.78
		0.3	0.2	90	56.67	2.38
		0.3	0.3	90	62.22	2.61
		0.5	0.2	90	68.89	2.89
		0.5	0.3	90	71.11	2.99

品种	基本培养基	激素/（mg/L）		接种数/个	不定芽诱导率/%	平均诱导不定芽数/个
		6-BA	IAA			
新棘 2 号	1/2MS	0.3		90	0	0
		0.5		90	0	0
		0.3	0.2	90	0	0
		0.3	0.3	90	0	0
		0.5	0.2	90	0	0
		0.5	0.3	90	0	0
新棘 3 号	1/4MS	0.3		90	56.67	1.30
		0.5		90	60.00	1.38
		0.3	0.2	90	63.33	2.41
		0.3	0.3	90	67.78	2.58
		0.5	0.2	90	91.11	4.28
		0.5	0.3	90	97.78	5.89
辽阜 1 号	1/4MS	0.3		90	58.89	2.36
		0.5		90	62.22	2.49
		0.3	0.2	90	67.78	2.71
		0.3	0.3	90	74.44	2.98
		0.5	0.2	90	81.11	3.24
		0.5	0.3	90	91.11	3.66
	1/2MS	0.3		90	0	0
		0.5		90	0	0
		0.3	0.2	90	0	0
		0.3	0.3	90	0	0
		0.5	0.2	90	0	0
		0.5	0.3	90	0	0

品种	基本培养基	激素/（mg/L）		接种数/个	不定芽诱导率/%	平均诱导不定芽数/个
		6-BA	IAA			
新棘4号	1/4MS	0.3		90	95.56	5.28
		0.5		90	92.22	3.97
		0.3	0.2	90	52.22	2.25
		0.3	0.3	90	54.44	2.34
		0.5	0.2	90	70.00	3.01
		0.5	0.3	90	71.11	3.06
深秋红	1/4MS	0.3		90	60.00	2.58
		0.5		90	63.33	2.72
		0.3	0.2	90	67.78	2.91
		0.3	0.3	90	70.00	3.01
		0.5	0.2	90	94.44	4.14
		0.5	0.3	90	91.11	3.28
新棘5号	1/4MS	0.3		90	98.89	5.96
		0.5		90	90.00	4.59
		0.3	0.2	90	75.56	3.85
		0.3	0.3	90	78.89	4.02
		0.5	0.2	90	84.44	4.31
		0.5	0.3	90	85.56	4.36
辽阜2号	1/4MS	0.3		90	46.67	1.26
		0.5		90	48.89	1.32
		0.3	0.2	90	56.67	1.53
		0.3	0.3	90	62.22	1.68
		0.5	0.2	90	72.22	2.78
		0.5	0.3	90	68.89	2.14

由表1-25筛选出5个沙棘良种和3个沙棘品种愈伤组织适宜继代培养基，见表1-26。

表 1-26　5 个沙棘良种和 3 个沙棘品种愈伤组织适宜继代培养基

品种	适宜继代培养基	接种数/个	不定芽诱导率/%	平均诱导不定芽数/个	30 d 后长势
新棘 1 号	1/4MS+6-BA0.5 mg/L+IAA0.2 mg/L	90	92.22	3.79	愈伤组织分化能力较强,分化植株健壮
新棘 2 号	1/4MS+6-BA0.3 mg/L	90	96.67	4.32	愈伤组织分化能力强,植株健壮,分化芽生长快
新棘 3 号	1/4MS+6-BA0.5+IAA0.3 mg/L	90	97.78	5.89	愈伤组织分化能力强,芽点多,茎长度较短
辽阜 1 号	1/4MS+6-BA0.5+IAA0.3 mg/L	90	91.11	3.66	愈伤组织分化能力较强,分化植株健壮
新棘 4 号	1/4MS+6-BA0.3 mg/L	90	95.56	5.28	愈伤组织分化能力强,植株健壮,分化植株有些直接生根成苗
深秋红	1/4MS+6-BA0.5+IAA0.2 mg/L	90	94.44	4.14	愈伤组织分化能力强,植株健壮
新棘 5 号	1/4MS+6-BA0.3 mg/L	90	98.89	5.96	愈伤组织分化能力强,植株健壮,分化植株有些直接生根成苗
辽阜 2 号	1/4MS+6-BA0.5 mg/L+IAA0.2 mg/L	90	72.22	2.78	愈伤组织分化能力强,分化植株健壮

　　在适宜培养基中,接种愈伤组织后,本就带有绿色突起或芽点的愈伤组织 5 d 就可以明显看见芽点突起膨大,7 d 就能分化出不定芽,不定芽生长较快,25 d 左右就可以进行再次转接(图 1-34)。

　　经过多次试验发现,使用生长素 IBA,接种前期茎尖、茎段等生长较快,15 d 后茎尖停止生长,部分苗开始变黄,基部褐化严重,继续培养,苗成活率低;使用生长素 NAA,接种后,芽停止生长,基部产生大量的愈伤组织,部分会有根形成,15 d 后上部茎尖死亡,基部愈伤组织褐化死亡,植株整体死亡。

（a）愈伤组织直接生成不定芽

（b）愈伤组织直接生成不定芽

（c）愈伤组织直接生成不定芽

（d）愈伤组织生成不定芽，基部有根形成

图 1-34　沙棘茎段继代增殖培养情况

（4）沙棘组培继代增殖小结

试验表明，5个沙棘良种和3个沙棘品种适宜的继代增殖培养基如下：

新棘1号：适宜茎尖培养基为 1/4MS+6-BA0.3 mg/L+蔗糖 3%+琼脂 0.6%，增殖系数 1.17；适宜茎段培养基为 1/4MS+6-BA0.3 mg/L+蔗糖 3%+琼脂 0.6%，增殖系数 2.46；适宜愈伤组织培养基为 1/4MS+6-BA0.5 mg/L +IAA0.2 mg/L+蔗糖 3%+琼脂 0.6%，增殖系数 3.79。

新棘2号：适宜茎尖培养基为 1/4MS+6-BA0.3 mg/L+蔗糖 3%+琼脂 0.6%，增殖系数 1.43；适宜茎段培养基为 1/4MS+6-BA0.5 mg/L+IAA0.2 mg/L+蔗糖 3%+琼脂 0.6%，增殖系数 3.40；适宜愈伤组织培养基为 1/4MS+6-BA0.3 mg/L+蔗糖 3%+琼脂 0.6%，增

殖系数 4.32。

新棘 3 号：适宜茎尖培养基为 1/4MS+6-BA0.5 mg/L+IAA0.2 mg/L+蔗糖 3%+琼脂 0.6%，增殖系数 1.69；适宜茎段培养基为 1/4MS+6-BA0.5 mg/L+IAA0.2 mg/L+蔗糖 3%+琼脂 0.6%，增殖系数 4.73；适宜愈伤组织培养基为 1/4MS+6-BA0.5+IAA 0.3 mg/L+蔗糖 3%+琼脂 0.6%，增殖系数 5.89。

辽阜 1 号：适宜茎尖培养基为 1/4MS+6-BA0.3 mg/L+蔗糖 3%+琼脂 0.6%，增殖系数 1.31；适宜茎段培养基为 1/4MS+6-BA0.3 mg/L+蔗糖 3%+琼脂 0.6%，增殖系数 3.68；适宜愈伤组织培养基为 1/4MS+6-BA0.5+IAA0.3 mg/L+蔗糖 3%+琼脂 0.6%，增殖系数 3.66。

新棘 4 号：适宜茎尖培养基为 1/4MS+6-BA0.3 mg/L+蔗糖 3%+琼脂 0.6%，增殖系数 1.72；适宜茎段培养基为 1/4MS+6-BA0.3 mg/L+蔗糖 3%+琼脂 0.6%，增殖系数 4.98；适宜愈伤组织培养基为 1/4MS+6-BA0.3 mg/L+蔗糖 3%+琼脂 0.6%，增殖系数 5.28。

深秋红：适宜茎尖培养基为 1/4MS+6-BA0.3 mg/L+蔗糖 3%+琼脂 0.6%，增殖系数 1.79；适宜茎段培养基为 1/4MS+6-BA0.3 mg/L+蔗糖 3%+琼脂 0.6%，增殖系数 3.96；适宜愈伤组织培养基为 1/4MS+6-BA0.5+IAA0.2 mg/L+蔗糖 3%+琼脂 0.6%，增殖系数 4.14。

新棘 5 号：适宜茎尖培养基为 1/4MS+6-BA0.3 mg/L+蔗糖 3%+琼脂 0.6%，增殖系数 1.53；适宜茎段培养基为 1/4MS+6-BA0.3 mg/L+蔗糖 3%+琼脂 0.6%，增殖系数 7.08；适宜愈伤组织培养基为 1/4MS+6-BA0.3 mg/L+蔗糖 3%+琼脂 0.6%，增殖系数 5.96。

辽阜 2 号：适宜茎尖培养基为 1/4MS+6-BA0.3 mg/L+蔗糖 3%+琼脂 0.6%，增殖系数 1.28；适宜茎段培养基为 1/4MS+6-BA0.5 mg/L+IAA0.2 mg/L+蔗糖 3%+琼脂 0.6%，增殖系数 3.26；适宜愈伤组织培养基为 1/4MS+6-BA0.5 mg/L+IAA0.2 mg/L+蔗糖 3%+琼脂 0.6%，增殖系数 2.78。

沙棘继代增殖培养的适宜温度为 25℃，湿度为（60+2）%，光照强度为 2 000～3 000 lx，光照时间为 13～16 h/d。

1.2.1.4　沙棘生根培养

将长至 3～5 cm 的继代无根苗切下，转入以 1/4MS 为基本培养基的生根培养基中，添加不同含量的 6-BA、IBA，观察其对无根苗生根的影响（见表 1-27），再从中筛选出 5 个沙棘良种和 3 个沙棘品种适宜的生根培养基。

表 1-27　5 个沙棘良种和 3 个沙棘品种生根培养基筛选

品种	培养基	激素/（mg/L）		接种数/个	生根数/条	生根率/%
		6-BA	IBA			
新棘 1 号	1/4MS	0.3		90	8	8.9
		0.2		90	6	6.7
		0.1		90	5	5.6
			1.5	90	2	2.2
			1.0	90	34	37.8
			0.5	90	31	34.4
			0.3	90	27	30.0
		0.1	1.0	90	74	82.2
		0.1	0.5	90	61	67.8
		0.3		90	15	16.7
		0.2		90	9	10.0
		0.1		90	7	7.8
新棘 2 号	1/4MS		1.5	90	8	8.9
			1.0	90	43	47.8
			0.5	90	64	71.1
			0.3	90	83	92.2
		0.1	1.0	90	57	63.3
		0.1	0.5	90	51	56.7
		0.3		90	9	10.0
		0.2		90	8	8.9
新棘 3 号	1/4MS	0.1		90	6	6.7
			1.5	90	5	5.6
			1.0	90	35	38.9

品种	培养基	激素/（mg/L）		接种数/个	生根数/条	生根率/%
		6-BA	IBA			
新棘 3 号	1/4MS		0.5	90	56	62.2
			0.3	90	79	87.8
		0.1	1.0	90	39	43.3
		0.1	0.5	90	45	50.0
		0.3		90	9	10.0
		0.2		90	7	7.8
		0.1		90	4	4.4
辽阜 1 号	1/4MS		1.5	90	6	6.7
			1.0	90	41	45.6
			0.5	90	38	42.2
			0.3	90	35	38.9
		0.1	1.0	90	85	94.4
		0.1	0.5	90	77	85.6
		0.3		90	64	71.1
		0.2		90	82	91.1
		0.1		90	43	47.8
新棘 4 号	1/4MS		1.5	90	0	0.0
			1.0	90	0	0.0
			0.5	90	0	0.0
			0.3	90	0	0.0
		0.1	1.0	90	0	0.0
		0.1	0.5	90	0	0.0
深秋红	1/4MS		0.3	90	8	8.9
			0.2	90	6	6.7
		0.1		90	5	5.6
			1.5	90	8	8.9
			1.0	90	55	61.1

品种	培养基	激素/（mg/L）		接种数/个	生根数/条	生根率/%
		6-BA	IBA			
深秋红	1/4MS		0.5	90	62	68.9
			0.3	90	77	85.6
		0.1	1.0	90	58	64.4
		0.1	0.5	90	65	72.2
			0.3	90	76	84.4
			0.2	90	84	93.3
			0.1	90	43	47.8
新棘5号	1/4MS		1.5	90	0	0.0
			1.0	90	0	0.0
			0.5	90	0	0.0
			0.3	90	0	0.0
		0.1	1.0	90	0	0.0
		0.1	0.5	90	0	0.0
			0.3	90	7	7.8
			0.2	90	6	6.7
			0.1	90	3	3.3
辽阜2号	1/4MS		1.5	90	28	31.1
			1.0	90	54	60.0
			0.5	90	69	76.7
			0.3	90	78	86.7
		0.1	1.0	90	47	52.2
		0.1	0.5	90	59	65.6

由表 1-27 筛选出 5 个沙棘良种和 3 个沙棘品种的适宜生根培养基，见表 1-28。

表 1-28　5 个沙棘良种和 3 个沙棘品种适宜的生根培养基

品种	适宜生根培养基	接种数/个	生根率/%	45 d 后长势
新棘 1 号	1/4MS+6-BA0.1 mg/L+IBA1.0 mg/L	90	82.2	3～4 条根，无须根，细长，皮层生根，无愈伤，苗生长健壮
新棘 2 号	1/4MS+IBA0.3 mg/L	90	92.2	根系多，短小，粗壮，基部褐色物质多
新棘 3 号	1/4MS+IBA0.3 mg/L	90	87.8	3～4 条根，根长可达 3 cm 以上，无须根，粗壮，皮层生根，无愈伤，苗生长健壮
辽阜 1 号	1/4MS+6-BA0.1 mg/L+IBA1.0 mg/L	90	94.4	根系多，短小，粗壮，基部褐色物质多，根长可达 3 cm 以上，叶片肥厚，苗生长健壮
新棘 4 号	1/4MS+6-BA0.2 mg/L	90	91.1	4～6 条根，须根多，粗壮，基部愈伤少，苗生长健壮
深秋红	1/4MS+IBA0.3 mg/L	90	85.6	3～4 条根，须根少，细长，皮层生根，无愈伤
新棘 5 号	1/4MS+6-BA0.2 mg/L	90	93.3	4～6 条根，须根多，粗壮，基部愈伤少，苗生长健壮
辽阜 2 号	1/4MS+IBA0.3 mg/L	90	86.7	2～3 条根，须根少，细长，皮层生根，无愈伤，苗生长健壮

在适宜的生根培养基中，添加 6-BA 和 IBA 的生根培养基，接种的无根苗前期停止生长，7 d 后基部出现绿色非透明愈伤组织，15 d 后愈伤组织出现大量透明白色突起，继而，白色突起分化成根，上部茎尖开始伸长生长，45 d 后成苗可达 5 cm 以上，根部呈毛球状，根数量多，无明显主根。仅添加 IBA 的生根培养基，接种无根苗前期也停止生长，基部无明显愈伤，7 d 后接种无根苗基部皮层处长出白色根尖，继续培养 15 d 后，上部茎尖开始生长，根同时伸长生长，主根 2～3 条，须根少或无，45 d 后苗高可达 5 cm 以上，根长 5 cm 以上。在添加生长素的生根培养基中，部分无根苗长势弱，无根形成，后期基本枯黄死亡。在仅含有 6-BA 的生根培养基中，当 6-BA 含量高时，形成根的无根苗少，玻璃化、畸形苗多；含量低时，苗生长较弱；在 6-BA 浓度为 0.2 mg/L 时，接种的无根苗继续伸长生长，同时基部出现少量淡绿色愈伤组织，15 d 后，基部有大量的根形成，同时，部分苗有腋芽或不定芽分化，苗粗壮，45 d 后成苗，根部生出 4～6 条主根，有大量须根，部分苗有 2～3 个分枝（图 1-35）。

图 1-35　沙棘根系生长及成苗情况

沙棘瓶内生根小结如下。

实验表明，5 个沙棘良种和 3 个沙棘品种的瓶内生根率均达到了 80% 以上，适宜的生根培养基为：

新棘 1 号，适宜生根培养基为 1/4MS+6-BA0.1 mg/L+IBA1.0 mg/L+蔗糖 2%+琼脂 0.6%，生根率 82.2%；

新棘 2 号，适宜生根培养基为 1/4MS+IBA0.3 mg/L+蔗糖 3%+琼脂 0.6%，生根率 92.2%；

新棘 3 号，适宜生根培养基为 1/4MS+IBA0.3 mg/L+蔗糖 3%+琼脂 0.6%，生根率 87.8%；

辽阜 1 号，适宜生根培养基为 1/4MS+6-BA0.1 mg/L+IBA1.0 mg/L+蔗糖 2%+琼脂 0.6%，生根率 94.4%；

新棘 4 号，适宜生根培养基为 1/4MS+6-BA0.2 mg/L+蔗糖 3%+琼脂 0.6%，生根率 91.1%；

深秋红，适宜生根培养基为 1/4MS+IBA0.3 mg/L+蔗糖 3%+琼脂 0.6%，生根率 85.6%；

新棘 5 号，适宜生根培养基为 1/4MS+6-BA0.2 mg/L+蔗糖 3%+琼脂 0.6%，生根率 93.3%；

辽阜 2 号，适宜生根培养基为 1/4MS+IBA0.3 mg/L+蔗糖 3%+琼脂 0.6%，生根率 86.7%。

沙棘瓶内生根适宜的培养温度为 25℃左右，湿度为 50%～70%，光照强度为 2 000～3 000 lx，光照时间为 13～16 h/d。

1.2.1.5　沙棘炼苗、移栽

当生根的组培苗高度达到约 5.0 cm 时，整瓶移出培养室，置于阴凉处 4～5 d，揭开瓶盖，继续放置 4～5 d，将组培苗取出，用自来水洗去根部的琼脂，移栽到事先经高温灭过菌的基质（草炭土：珍珠岩=1：1）中，完全浇透后用薄膜覆盖，保持湿度，逐渐通风透光，白天温度控制在 25℃，夜间温度控制在 15～18℃。15 d 后，成活的幼苗浇施 1/4MS 大量元素营养液。组培苗移栽 30 d 后出苗，成活率可达 96%（图 1-36）。

图 1-36　沙棘组培瓶苗炼苗、移栽情况

炼苗、移栽小结：

对 5 个沙棘良种和 3 个沙棘品种的瓶内生根苗进行炼苗、移栽，成功的关键在于最初 7 d 内对湿度的控制，湿度应控制在 95% 以上，逐渐延长通风和光照时间，15 d 左右才能完全通风见光。同时要注意温度控制。沙棘的根系在移栽过程中容易受到损伤，往往会影响苗的成活率。因此，在移栽沙棘苗木的过程中，应尽量保持根系完整，减少根系损伤。

1.2.2 沙棘无菌叶片快繁体系建立

前人以带腋芽的茎段、节间、茎尖等为材料对沙棘快速繁殖进行了初步研究，已有很多关于培养成功的报道，但是尚未出现以沙棘叶片为材料进行快速繁殖的方法。我们首次以选育出的 5 个沙棘良种和 3 个沙棘品种的无菌苗叶片为材料，选择适宜的无菌苗叶片诱导不定芽增殖培养基配方，实现了较高的幼苗成活率，为其工厂化生产以及种质资源的保存提供了技术手段和理论依据。

1.2.2.1 新棘 1 号无菌苗叶片增殖培养

取新棘 1 号无菌苗 30 日龄的叶片，剪成（2.8±0.2）cm^2 的小块，接种到不同组合的无菌苗叶片增殖诱导培养基上。培养基以 1/4MS 为基本培养基，添加不同浓度的激素：细胞分裂素 6-BA、生长素 IAA 和 NAA，培养基 pH 均为 5.8，再加入琼脂 0.6%、蔗糖 3%。每个激素组合接种 150 片叶。培养条件：温度为 25℃，湿度为（60±2）%，光照强度为 2 000～3 000 lx，光照时间为 13～16 h/d。不同植物生长调节剂配比对新棘 1 号叶片不定芽诱导的影响见表 1-29。

表 1-29 不同植物生长调节剂配比对新棘 1 号叶片不定芽诱导的影响

激素/（mg/L）			接种叶片数/片	平均诱导不定芽数/个	不定芽诱导率/%
6-BA	IAA	NAA			
1.0	1.0	—	150	3.07	64.00
1.0	0.5	—	150	3.46	72.00
0.5	0.5	—	150	3.85	78.00
0.5	0.3	—	150	4.74	83.33
0.5	0.2	—	150	3.58	74.67

激素/（mg/L）			接种叶片数/片	平均诱导不定芽数/个	不定芽诱导率/%
6-BA	IAA	NAA			
0.3	0.1	—	150	2.66	55.33
1.0	—	1.0	150	0	0
1.0	—	0.5	150	0	0
0.5	—	0.5	150	0.17	8.67
0.5	—	0.3	150	0.11	5.33
0.5	—	0.2	150	0.27	1.33
0.3	—	0.1	150	0.00	0.00

由表 1-29 结合试验观察可知，新棘 1 号无菌苗叶片在 6-BA 与 IAA 的激素配比下均可产生不定芽，接种 7 d 后叶缘基部开始产生淡绿色的愈伤组织，15 d 后瘤状愈伤组织开始分化形成不定芽，在 6-BA0.5 mg/L 和 IAA0.3 mg/L 的激素配比下，分化的不定芽粗壮，但不伸长生长，切下的不定芽继代转接到前述新棘 1 号愈伤组织继代增殖培养基上生长迅速，很快成苗（图 1-37）。过高浓度的 6-BA 与 IAA 配合，在 20 d 后导致基部愈伤褐化，形成的芽点虽然多，但分化芽较少，且多为畸形芽或玻璃化芽。使用 6-BA 与 NAA 组合效果不理想，不定芽诱导率极低，接种叶片逐渐褐化死亡，部分叶片基部产生愈伤组织，但是愈伤组织褐化严重，基本不分化不定芽。综合分析，新棘 1 号适宜的叶片诱导培养基为：1/4MS+6-BA0.5 mg/L+IAA0.3 mg/L+蔗糖 3%+琼脂 0.6%。

（a）新接叶片   （b）无菌苗诱导情况   （c）再次转接情况

图 1-37　新棘 1 号叶片诱导不定芽情况

1.2.2.2 新棘 2 号无菌苗叶片增殖培养

取新棘 2 号无菌苗 30 日龄的叶片，剪成（2.8±0.2）mm^2 的小块，接种到不同组合的无菌苗叶片增殖诱导培养基上。培养基以 1/4MS 为基本培养基，添加不同浓度的激素：细胞分裂素 6-BA、生长素 IAA 和 NAA，培养基 pH 均为 5.8，再加入琼脂 0.6%、蔗糖 3%。每个激素组合接种 150 片叶。培养条件：温度为 25℃，湿度为（60±2）%，光照强度为 2 000～3 000 lx，光照时间为 13～16 h/d。不同植物生长调节剂配比对新棘 2 号叶片不定芽诱导的影响见表 1-30。

表 1-30　不同植物生长调节剂配比对新棘 2 号叶片不定芽诱导的影响

激素/（mg/L）			接种叶片数/片	平均诱导不定芽数/个	不定芽诱导率/%
6-BA	IAA	NAA			
1.0	1.0	—	150	4.68	78.00
1.0	0.5	—	150	5.28	85.33
0.5	0.5	—	150	5.47	88.00
0.5	0.3	—	150	5.92	91.10
0.5	0.2	—	150	4.92	82.00
0.3	0.1	—	150	4.64	77.33
1.0	—	1.0	150	0	0
1.0	—	0.5	150	0	0
0.5	—	0.5	150	0	0
0.5	—	0.3	150	0	0
0.5	—	0.2	150	0	0
0.3	—	0.1	150	0	0

由表 1-30 可知，新棘 2 号无菌苗叶片在 6-BA 与 IAA 的激素配合下诱导叶片均可产生不定芽。试验观察可见，当 6-BA 浓度在 1.0 mg/L 时，分化出的不定芽形态明显异常，芽弱小，不饱满，叶片扭曲畸形；当 6-BA 浓度在 0.5 mg/L 时，诱导的不定芽效果

较好；IAA 在 0.5 mg/L 时诱导芽玻璃化现象明显增多。在 6-BA0.5 mg/L 和 IAA0.3 mg/L 激素配比下，培养 7 d，可见叶片叶缘切口处有绿色芽点形成，继续培养 15 d，芽点形成丛生芽，生长健壮，并开始伸长生长，30 d 后苗高可达 2.5 cm，此时可将丛生苗茎尖、茎段、愈伤组织剪切后，分别接种到前述新棘 2 号茎尖、茎段、愈伤组织继代增殖培养基中继续增殖培养（图 1-38）。使用 6-BA 与 NAA 组合效果不理想，接种叶片逐渐褐化死亡，个别叶片基部出现根，但无不定芽的分化，不定芽诱导率为零。综合分析，新棘 2 号适宜的叶片诱导培养基为：1/4MS+6-BA0.5 mg/L+IAA0.3 mg/L+蔗糖 3%+琼脂 0.6%。

（a）新接叶片　　　　　　（b）无菌苗诱导情况　　　　　　（c）再次转接情况

图 1-38　新棘 2 号叶片诱导不定芽情况

1.2.2.3　新棘 3 号无菌苗叶片增殖培养

取新棘 3 号无菌苗 30 日龄的叶片，剪成（2.8±0.2）mm^2 的小块，接种到不同组合的无菌苗叶片增殖诱导培养基上。培养基以 1/4MS 为基本培养基，添加不同浓度的激素：细胞分裂素 6-BA、生长素 IAA 和 NAA，培养基 pH 均为 5.8，再加入琼脂 0.6%、蔗糖 3%。每个激素组合接种 110～150 片叶。培养条件：温度为 25℃，湿度为（60±2）%，光照强度为 2 000～3 000 lx，光照时间为 13～16 h/d。不同植物生长调节剂配比对新棘 3 号叶片不定芽诱导的影响见表 1-31。

表 1-31　不同植物生长调节剂配比对新棘 3 号叶片不定芽诱导的影响

激素/（mg/L）			接种叶片数/片	平均诱导不定芽数/个	不定芽诱导率/%
6-BA	IAA	NAA			
1.0	1.0	—	110	3.20	76.36
1.0	0.5	—	150	4.90	83.33
0.5	0.5	—	150	6.50	86.67
0.5	0.3	—	150	6.90	87.34
0.5	0.2	—	110	5.80	85.45
0.3	0.1	—	115	3.90	80.00
1.0	—	1.0	110	0	0
1.0	—	0.5	150	0	0
0.5	—	0.5	150	0.11	10.00
0.5	—	0.3	150	0.06	5.33
0.5	—	0.2	110	0	0
0.3	—	0.1	110	0	0

　　由表 1-31 可知，新棘 3 号无菌苗叶片在 6-BA 与 IAA 激素配合下诱导叶片均可产生不定芽，且诱导不定芽数是几个良种和品种中较多的。在 6-BA0.5 mg/L 和 IAA0.3 mg/L 激素配比下不定芽诱导率达到了 87.34%，不定芽诱导数达到了 6.90 个，试验观察可见，培养 7 d，叶片基部膨大，有淡绿色愈伤组织生成，继续培养 20 d，该愈伤组织出现多个绿色芽点，40 d 后大部分的愈伤组织开始分化出 0.2~0.5 cm 的不定芽，可转接到前述新棘 3 号愈伤组织诱导培养基中进行继代增殖培养（图 1-39）。当 6-BA 浓度在 1.0 mg/L 时，分化出的不定芽形态明显异常，芽弱小，不饱满，叶片扭曲畸形；当 6-BA 浓度在 0.5 mg/L 时，诱导的不定芽效果较好；IAA 浓度在 0.5 mg/L 时诱导芽玻璃化现象明显增多。使用 6-BA 与 NAA 组合，有 64% 的叶片直接生成根，个别自根处长出新苗，但数量很少，最多不定芽分化数仅为 0.11 个。因此，新棘 3 号适宜的叶片诱导培养基为：1/4MS+6-BA0.5 mg/L+IAA0.3 mg/L+蔗糖 3%+琼脂 0.6%。

（a）新接叶片　　　　　　　（b）无菌苗诱导情况　　　　　　　（c）再次转接情况

图 1-39　新棘 3 号叶片诱导不定芽情况

1.2.2.4　辽阜 1 号无菌苗叶片增殖培养

取辽阜 1 号无菌苗 30 日龄的叶片，剪成（2.8±0.2）mm^2 的小块，接种到不同组合的无菌苗叶片增殖诱导培养基上。培养基以 1/4MS 为基本培养基，添加不同浓度的激素：细胞分裂素 6-BA、生长素 IAA 和 NAA，培养基 pH 均为 5.8，再加入琼脂 0.6%、蔗糖 3%。每个激素组合接种 150 片叶。培养条件：温度为 25℃，湿度为（60±2）%，光照强度为 2 000～3 000 lx，光照时间为 13～16 h/d。不同植物生长调节剂配比对辽阜 1 号叶片不定芽诱导的影响见表 1-32。

表 1-32　不同植物生长调节剂配比对辽阜 1 号叶片不定芽诱导的影响

激素/（mg/L）			接种叶片数/片	平均诱导不定芽数/个	不定芽诱导率/%
6-BA	IAA	NAA			
1.0	1.0	—	150	4.72	78.67
1.0	0.5	—	150	4.96	82.67
0.5	0.5	—	150	5.32	86.00
0.5	0.3	—	150	5.47	88.67
0.5	0.2	—	150	4.64	77.33
0.3	0.1	—	150	3.26	68.00
1.0		1.0	150	0.	0
1.0		0.5	150	0	0

激素/（mg/L）			接种叶片数/片	平均诱导不定芽数/个	不定芽诱导率/%
6-BA	IAA	NAA			
0.5	—	0.5	150	0.15	7.33
0.5	—	0.3	150	0.09	4.67
0.5	—	0.2	150	0.03	1.33
0.3	—	0.1	150	0	0

由表 1-32 可知，辽阜 1 号无菌苗叶片在 6-BA 与 IAA 激素配合下诱导叶片均可产生不定芽。试验观察可见，接种 7 d，叶缘基部增厚，但未形成愈伤组织，15 d 后在切口处出现绿色小芽点，继续培养，芽点分化成芽，逐渐长大，不伸长生长，个别叶片有根生成，30 d 后将长出的 0.2～0.5 cm 的芽切下接入前述辽阜 1 号愈伤组织诱导继代增殖培养基中，可快速发育成丛生苗（图 1-40）。当 6-BA 与 IAA 浓度较高时，可以诱导出较多的不定芽，但畸形芽和玻璃化芽较多，转接到愈伤组织继代培养基中成苗比例低。低浓度的 6-BA 和 IAA 配合，获得的不定芽相对较少，且芽长势较弱。辽阜 1 号适宜的叶片诱导不定芽培养基为：1/4MS+6-BA0.5 mg/L+IAA0.3 mg/L+蔗糖 3%+琼脂 0.6%。

（a）新接叶片　　　　　　（b）无菌苗诱导情况　　　　　　（c）再次转接情况

图 1-40　辽阜 1 号叶片诱导不定芽情况

1.2.2.5　新棘 4 号无菌苗叶片增殖培养

取新棘 4 号无菌苗 30 日龄的叶片，剪成（2.8±0.2）mm² 的小块，接种到不同组合的无菌苗叶片增殖诱导培养基上。培养基以 1/4MS 为基本培养基，添加不同浓度的激素：

细胞分裂素 6-BA、生长素 IAA 和 NAA，培养基 pH 均为 5.8，再加入琼脂 0.6%、蔗糖 3%。每个激素组合接种 150 片叶。培养条件：温度为 25℃，湿度为（60±2）%，光照强度为 2 000～3 000 lx，光照时间为 13～16 h/d。不同植物生长调节剂配比对新棘 4 号叶片不定芽诱导的影响见表 1-33。

表 1-33　不同植物生长调节剂配比对新棘 4 号叶片不定芽诱导的影响

激素/（mg/L）			接种叶片数/片	平均诱导不定芽数/个	不定芽诱导率/%
6-BA	IAA	NAA			
1.0	1.0	—	150	3.96	81.33
1.0	0.5	—	150	4.88	87.33
0.5	0.5	—	150	5.68	92.00
0.5	0.3	—	150	6.12	94.67
0.5	0.2	—	150	4.64	84.00
0.3	0.1	—	150	3.48	79.33
1.0	—	1.0	150	0	0
1.0	—	0.5	150	0	0
0.5	—	0.5	150	0	0
0.5	—	0.2	150	0	0
0.3	—	0.1	150	0.07	3.33

由表 1-33 可知，将新棘 4 号叶片接入 6-BA 与 IAA 混合激素培养基中，诱导效果较好，在 6-BA0.5 mg/L 和 IAA0.3 mg/L 激素配比下，平均诱导不定芽的数量达到了 6.12 个。试验观察可见，接种 7 d，叶缘基部出现淡绿色的愈伤组织团，随后愈伤组织逐渐扩大，并形成多个绿色芽点，20 d 后绿色芽点逐渐分化出芽，40 d 后芽较多，长势粗壮，但不伸长生长，有 53% 的芽愈伤团下有根形成。将长出的 0.2～0.5 cm 的芽切下接入愈伤组织诱导增殖培养基中可快速发育成丛生苗（图 1-41）。当 6-BA 与 IAA 浓度较高时，可以诱导出较多的不定芽，但畸形芽和玻璃化芽较多，低浓度的 6-BA 和 IAA 配合，获得的不定芽相对较少，芽长势较弱。综合分析认为新棘 4 号适宜的叶片诱导培养基为：

1/4MS+6-BA0.5 mg/L+ IAA0.3 mg/L+蔗糖 3%+琼脂 0.6%。

 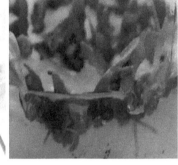 

（a）无菌苗诱导情况　　　　　（b）叶片愈伤基部生根　　　　　（c）再次转接情况

图 1-41　新棘 4 号叶片诱导不定芽情况

1.2.2.6　深秋红无菌苗叶片增殖培养

取深秋红无菌苗 30 日龄的叶片，剪成（2.8±0.2）mm^2 的小块，接种到不同组合的无菌苗叶片增殖诱导培养基上。培养基以 1/4MS 为基本培养基，添加不同浓度的激素：细胞分裂素 6-BA、生长素 IAA 和 NAA，培养基 pH 均为 5.8，再加入琼脂 0.6%、蔗糖 3%。每个激素组合接种 150 片叶。培养条件：温度为 25℃，湿度为（60±2）%，光照强度为 2 000～3 000 lx，光照时间为 13～16 h/d。不同植物生长调节剂配比对深秋红叶片不定芽诱导的影响见表 1-34。

表 1-34　不同植物生长调节剂配比对深秋红叶片不定芽诱导的影响

激素/（mg/L）			接种叶片数/片	平均诱导不定芽数/个	不定芽诱导率/%
6-BA	IAA	NAA			
1.0	1.0	—	150	3.14	68.00
1.0	0.5	—	150	4.08	75.33
0.5	0.5	—	150	4.92	82.00
0.5	0.3	—	150	5.11	85.33
0.5	0.2	—	150	4.36	80.67
0.3	0.1	—	150	3.68	72.67

激素/（mg/L）			接种叶片数/片	平均诱导不定芽数/个	不定芽诱导率/%
6-BA	IAA	NAA			
1.0	—	1.0	150	0	0
1.0	—	0.5	150	0	0
0.5	—	0.5	150	0.25	12.67
0.5	—	0.3	150	0.15	7.33
0.5	—	0.2	150	0.04	2.00
0.3	—	0.1	150	0.01	0.67

　　由表 1-34 可知，深秋红无菌苗叶片在 6-BA 与 IAA 激素的配合下均可产生不定芽。试验观察可见，当 6-BA 与 IAA 浓度较高时，诱导的不定芽多为畸形芽和玻璃化芽，即使转接到愈伤组织继代培养基中能恢复成正常苗的也不多。当 6-BA 与 IAA 浓度较低时，分化的芽少，生长势弱。在 6-BA0.5 mg/L 和 IAA0.3 mg/L 激素配比下，接种 7 d，叶缘基部增厚，但未形成愈伤组织，15 d 后切口处出现绿色小芽点，继续培养，芽点分化成芽，逐渐长大，不伸长生长，30 d 后将长出的 0.2～0.5 cm 的芽切下接入前述深秋红愈伤组织诱导增殖培养基中，可快速发育成丛生苗（图 1-42）。6-BA 和 NAA 激素组合，接种 7 d，30% 的叶片基部有白色芽点形成，15 d 后白色芽点分化成根，30 d 后有个别自叶片基部分化出芽，但芽的分化率较低。综合分析认为，深秋红适宜的叶片诱导培养基为：1/4MS+6-BA0.5 mg/L+IAA0.3 mg/L+蔗糖 3%+琼脂 0.6%。

（a）新接叶片　　　　　　　（b）无菌苗诱导情况　　　　　　　（c）再次转接情况

图 1-42　深秋红叶片诱导不定芽情况

1.2.2.7 新棘 5 号无菌苗叶片增殖培养

取新棘 5 号无菌苗 30 日龄的叶片，剪成（2.8±0.2）mm² 的小块，接种到不同组合的无菌苗叶片增殖诱导培养基上。培养基以 1/4MS 为基本培养基，添加不同浓度的激素：细胞分裂素 6-BA、生长素 IAA 和 NAA，培养基 pH 均为 5.8，再加入琼脂 0.6%、蔗糖 3%。每个激素组合接种 150 片叶。培养条件：温度为 25℃，湿度为（60±2）%，光照强度为 2 000～3 000 lx，光照时间为 13～16 h/d。不同植物生长调节剂配比对新棘 5 号叶片不定芽诱导的影响见表 1-35。

表 1-35　不同植物生长调节剂配比对新棘 5 号叶片不定芽诱导的影响

| 激素/（mg/L） | | | 接种叶片数/片 | 平均诱导不定芽数/个 | 不定芽诱导率/% |
6-BA	IAA	NAA			
1.0	1.0	—	150	3.22	63.33
1.0	0.5	—	150	3.80	70.67
0.5	0.5	—	150	5.72	90.67
0.5	0.3	—	150	6.33	95.33
0.5	0.2	—	150	5.44	87.33
0.3	0.1	—	150	4.24	74.67
1.0	—	1.0	150	0.	0
1.0	—	0.5	150	0.08	4.00
0.5	—	0.5	150	0.29	14.67
0.5	—	0.5	150	0.47	23.33
0.5	—	0.2	150	0.36	18.00
0.3	—	0.1	150	0.19	9.33

由表 1-35 可知，将新棘 5 号叶片接入 6-BA 与 IAA 混合激素培养基中，诱导效果较好，在 6-BA0.5 mg/L 和 IAA0.3 mg/L 激素配比下，平均诱导不定芽的数量达到了 6.33 个。试验观察可见，接种 7 d 时，叶缘基部出现淡绿色的愈伤组织团，随后愈伤组织逐渐扩大，并形成多个绿色芽点，15 d 后绿色芽点逐渐分化出芽，20 d 后芽逐渐伸长生长，形成丛生苗，40 d 后，苗高可达 3 cm 左右，此时可继续转接到前述新棘 5 号茎尖、茎

段或愈伤组织继代增殖培养基中进行继代培养，长根的苗也可直接移栽成苗（图1-43）。接种到 6-BA 与 NAA 的培养基中，7 d 后在叶片基部也形成愈伤组织，部分可以继续分化成不定芽，但总体比例低于 6-BA 与 IAA 混合激素的诱导比例。综合分析，新棘 5 号适宜的叶片诱导培养基为：1/4MS+6-BA0.5 mg/L+IAA0.3 mg/L+蔗糖 3%+琼脂 0.6%。

（a）无菌苗诱导情况 （b）、（c）再次转接情况

图 1-43　新棘 5 号叶片诱导不定芽情况

1.2.2.8　辽阜 2 号无菌苗叶片增殖培养

取辽阜 2 号无菌苗 30 日龄的叶片，剪成（2.8±0.2）cm² 的小块，接种到不同组合的无菌苗叶片增殖诱导培养基上。培养基以 1/4MS 为基本培养基，添加不同浓度的激素：细胞分裂素 6-BA、生长素 IAA 和 NAA，培养基 pH 均为 5.8，再加入琼脂 0.6%、蔗糖 3%。每个激素组合接种 150 片叶。培养条件：温度为 25℃，湿度为（60±2）%，光照强度为 2 000～3 000 lx，光照时间为 13～16 h/d。不同植物生长调节剂配比对辽阜 2 号叶片不定芽诱导的影响见表 1-36。

表 1-36　不同植物生长调节剂配比对辽阜 2 号叶片不定芽诱导的影响

激素/（mg/L）			接种叶片数/片	平均诱导不定芽数/个	不定芽诱导率/%
6-BA	IAA	NAA			
1.0	1.0	—	150	1.92	48.00
1.0	0.5	—	150	2.72	64.00
0.5	0.5	—	150	3.07	71.33
0.5	0.3	—	150	3.98	76.67

激素/（mg/L）			接种叶片数/片	平均诱导不定芽数/个	不定芽诱导率/%
6-BA	IAA	NAA			
0.5	0.2	—	150	2.85	68.00
0.3	0.1	—	150	1.81	45.33
1.0	—	1.0	150	0	0
1.0	—	0.5	150	0	0
0.5	—	0.5	150	0	0
0.5	—	0.3	150	0	0
0.5	—	0.2	150	0	0
0.3	—	0.1	150	0	0

　　由表1-36可知，将辽阜2号叶片接入6-BA与IAA混合激素培养基中，诱导效果在几个良种和品种中较低，但是不定芽诱导率也达到了76%以上，平均分化不定芽达到了3.98个。试验观察可见，接种7 d后，叶缘基部出现淡绿色的愈伤组织，20 d后愈伤组织分化成芽，芽不伸长生长，30 d即可继代转接到前述辽阜2号愈伤组织诱导继代增殖培养基中继续增殖培养。6-BA与IAA浓度较高时或较低时规律同上述良种及品种。6-BA和NAA激素组合，接种7 d后，98%以上的叶片基部出现白色的芽点，15 d后白色芽点分化出根，上部叶片叶尖开始变成褐色，随着培养时间的延长，根部伸长生长，叶片仅基部呈绿色，未有不定芽或苗形成（图1-44）。综合分析认为，辽阜1号的叶片诱导培养基为：1/4MS+6-BA0.5 mg/L+IAA0.3 mg/L+蔗糖3%+琼脂0.6%。

（a）无菌苗诱导情况　　　　　　（b）再次转接情况　　　　　（c）NAA激素使用后仅基部长根，
　　　　　　　　　　　　　　　　　　　　　　　　　　　　　　　　叶片枯死

图1-44　辽阜2号叶片诱导不定芽情况

在 5 个沙棘良种和 3 个沙棘品种的无菌苗叶片诱导不定芽试验中，我们发现幼嫩叶片愈伤组织容易诱导，40 d 后老叶较难形成愈伤组织，生成的愈伤组织再次分化不定芽能力减弱，褐化严重。叶片在诱导分化不定芽过程中可通过叶缘切口处直接分化成芽，也可分化成瘤状愈伤组织后再分化成不定芽，但前者分化速度快，成芽比例大。

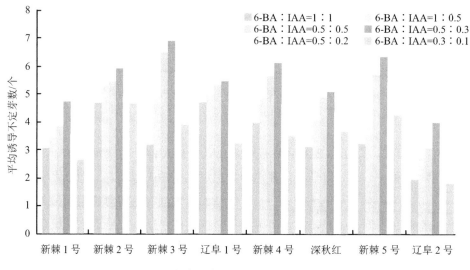

图 1-45　6-BA 和 IAA 激素组合下沙棘无菌苗叶片平均诱导不定芽情况

由图 1-45 可以看出，在 6-BA 和 IAA 激素组合使用的情况下，5 个沙棘良种和 3 个沙棘品种无菌苗叶片均可诱导产生不定芽，诱导不定芽数均随着 6-BA 和 IAA 浓度的升高而降低，且生成的不定芽随浓度的升高玻璃化芽和畸形芽也随之增多。当 6-BA 浓度为 0.5 mg/L 及以下、IAA 浓度为 0.2 mg/L 及以下时，愈伤形成的时间延长，诱导不定芽减少，激素浓度越低，诱导出的不定芽长势越弱。综合分析，5 个沙棘良种和 3 个沙棘品种无菌苗叶片诱导适宜培养基均为：1/4MS+6-BA0.5 mg/L+IAA0.3 mg/L+蔗糖 3%+琼脂 0.6%。因此，我们分析认为，该培养基可以作为不考虑品种差异下的沙棘无菌苗叶片诱导不定芽通用培养基。

1.2.2.9　沙棘无菌叶片快繁体系小结

以沙棘无菌苗叶片为外植体诱导不定芽，进而培养成植株，获得了 5 个沙棘良种和 3 个品种适宜的无菌苗叶片诱导不定芽增殖培养基配方，实现了较高的幼苗成活率。

初代培养的培养基为：1/4MS+6-BA0.3 mg/L+蔗糖 3%+琼脂 0.6%。

继代培养和生根同步完成，培养基均为：1/4MS+6-BA0.5 mg/L+ IAA0.3 mg/L+蔗糖 3%+琼脂 0.6%。

1.2.3 沙棘瓶外生根技术

瓶外生根技术是近几年发展起来的一项组培生根先进技术。Debergh 等认为诱导组培苗生根过程的费用占组培总费用的 35%～75%，采用瓶外生根技术能够有效地节省生产成本，将无菌苗生根与驯化相结合，简化了育苗的程序，更利于规模化生产。但目前国内外尚没有沙棘的瓶外生根报道。我们首次研发了沙棘组培苗瓶外生根技术，从沙棘无性繁殖特性出发，选择适合的瓶外生根基质，设计了以激素种类、激素浓度、激素浸泡时间为实验条件的实验，探讨了 5 个沙棘良种和 3 个沙棘品种的瓶外生根技术、移栽及苗木成活率情况，解决了沙棘组培苗生根困难的问题，为沙棘组培规模化快繁提供了新方法。

1.2.3.1 沙棘瓶外生根处理

我们选择激素种类、激素浓度、浸泡时间这 3 个因素作为变量。激素种类分别为 IBA、IAA、IBA+NAA，激素浓度分别设为 50 mg/L、100 mg/L、200 mg/L、300 mg/L，浸泡时间分别设为 10 min、20 min、30 min。另外，设置了分别用根宝原液、50%根宝原液和 30%根宝原液浸泡 3s 的实验组，以无激素浸泡的为对照（CK）组。每组 40 株实验苗，共设 40 组实验，重复 3 次。

选取增殖 30 d、长 3～5 cm 生长状况良好的 5 个沙棘良种和 3 个沙棘品种继代组培苗作为瓶外生根材料。用清水洗净根部培养基，将丛生苗剪成单株，将组培苗中下部叶片去除，只保留茎顶端的 2～3 片叶片，插入生根基质中，插入深度为 1～2 cm。瓶外生根沙棘苗的固定基质为育苗盘中的珍珠岩。实验环境为恒温恒湿的组织培养室，培养温度为 27℃，相对湿度 85%～95%，光照强度为 2 500 lx，光照时间为 14 h/d，用塑料薄膜搭建帘幕棚架，单侧可活动。

1.2.3.2 各种处理对沙棘组培苗瓶外生根率的影响

（1）各种处理对新棘 1 号瓶外生根率的影响

不同的激素种类、激素浓度、浸泡时间对新棘 1 号瓶外生根率的影响见表 1-37。由表 1-37 可以看出，IBA 100 mg/L 浸泡 10 min 的新棘 1 号生根率最高，为 90.0%，明显优于其他方式处理。其次为 IBA 100 mg/L 浸泡 20 min 的，生根率为 86.7%。组培苗剪切插入苗盘后，通过观察发现，苗根部 7 d 后有白点冒出，出根时间依次如下：IBA 100 mg/L 浸泡 10 min 和根宝处理，出根时间为 8～9 d；激素 IAA 处理的几种方式生根最慢，出根时间为 18～20 d，出根晚且少，其余处理方式的出根时间均为 10 d 左右。

表 1-37　激素种类、激素浓度以及浸泡时间对新棘 1 号瓶外生根率的影响

编号	激素	激素浓度/（mg/L）	浸泡时间/min	无根苗数/棵	生根率/%	编号	激素	激素浓度/（mg/L）	浸泡时间/min	无根苗数/棵	生根率/%
1	IBA	50	10	90	75.6	21	IAA	200	30	90	10.0
2	IBA	50	20	90	80.0	22	IAA	300	10	90	6.70
3	IBA	50	30	90	84.4	23	IAA	300	20	90	2.20
4	IBA	100	10	90	90.0	24	IAA	300	30	90	0.00
5	IBA	100	20	90	86.7	25	IBA+NAA	50	10	90	35.6
6	IBA	100	30	90	77.8	26	IBA+NAA	50	20	90	26.7
7	IBA	200	10	90	81.1	27	IBA+NAA	50	30	90	16.7
8	IBA	200	20	90	74.4	28	IBA+NAA	100	10	90	12.2
9	IBA	200	30	90	68.9	29	IBA+NAA	100	20	90	8.89
10	IBA	300	10	90	71.1	30	IBA+NAA	100	30	90	5.56
11	IBA	300	20	90	56.7	31	IBA+NAA	200	10	90	5.56
12	IBA	300	30	90	51.1	32	IBA+NAA	200	20	90	2.22
13	IAA	50	10	90	13.3	33	IBA+NAA	200	30	90	0.00
14	IAA	50	20	90	15.6	34	IBA+NAA	300	10	90	1.11
15	IAA	50	30	90	16.7	35	IBA+NAA	300	20	90	0.00
16	IAA	100	10	90	24.4	36	IBA+NAA	300	30	90	0.00
17	IAA	100	20	90	23.3	37	根宝	100%根宝原液	2s	90	68.9
18	IAA	100	30	90	18.9	38	根宝	50%根宝原液	2s	90	78.9
19	IAA	200	10	90	21.1	39	根宝	30%根宝原液	2s	90	71.1
20	IAA	200	20	90	17.8	40	CK	0	0	90	15.6

从植物生长形态上看，IBA 浸泡的根系为 1～3 条，根系较短，主根上有少量短小须根，根系略微发黄，其中 IBA 50 mg/L 和 100 mg/L 处理的生根苗地上部分颜色为绿色，植株高度有所增加（图 1-46）；IBA 200 mg/L 和 300 mg/L 处理的生根苗地上部分颜色初期为绿色，随着生长逐渐变黄，浓度越高，植株变黄程度也就越高，部分植株最终枯黄死亡；IBA 200 mg/L 处理的根系较 100 mg/L 处理的略粗、短，根系偏淡褐色。根宝浸泡的根系是多条须根，根系上半部为白色，根系末梢发黑，地上部分发黄，植株高度未变，植株变黄或枯死程度随浓度升高而增加。IAA 低浓度、短时间浸泡处理的植株地上部分也都是绿色，但地下部分出根较少，即使出根也多短、黑。IBA+NAA 处理的植株生根效果不理想，远低于 IBA 与根宝处理的结果，诱导出的根系短，而且根系出现黑褐色等情况。

图 1-46　新棘 1 号瓶外生根情况

　　对瓶外生根产生影响的三个因素进行方差分析，见表 1-38。方差分析结果表明，激素种类、激素浓度和浸泡时间均达到了极显著水平，三者都与生根率有密切的关系。激素对新棘 1 号组培无根苗生根影响程度依次为激素种类＞激素浓度＞浸泡时间。在各激素浓度与浸泡时间的比较中，IAA 与 IBA+NAA 的生根率都明显劣于 IBA 与根宝的生根率。浸泡时间对生根率高低的影响也呈现规律分布，随着浸泡时间的延长，生根率显著下降。综上分析，新棘 1 号适宜的沙棘继代无菌苗瓶外生根处理激素为：IBA 100 mg/L 浸泡 10 min。

表 1-38　激素对新棘 1 号瓶外生根影响方差分析

变异来源	III型平方和	df	MS	F	Sig.
激素种类	27 481.362	2	13 740.681	291.195	0
激素浓度	2 552.191	5	510.438	10.817	0
浸泡时间	680.868	2	340.434	7.215	0.003
误差	1 321.242	28	47.187		
总计	32 035.663	37			

注：df 为自由度；MS 为均方；F 为两个配方的比值；Sig. 表示显著性。

（2）各种处理对新棘 2 号瓶外生根率的影响

不同的激素种类、激素浓度、浸泡时间对新棘 2 号瓶外生根率的影响见表 1-39。从表中可以看出，IBA 100 mg/L 浸泡 10 min 的新棘 2 号生根率最高，达到了 95.6%，明显优于其他方式处理；其次为 IBA 50 mg/L 浸泡 10 min 的，生根率达到了 91.1%；其余激素处理也都有生根苗。组培苗剪切插入苗盘后，通过观察发现，新棘 2 号出根较快，多数苗在第 7 d 就有白点出现，出根时间依次如下：IBA 50 mg/L 浸泡 30 min、IBA 100 mg/L 三种浸泡方式、IBA 200 mg/L 浸泡 10 min、根宝处理，出根时间均为 7～9 d；IAA 处理的几种方式生根较慢，出根时间为 18～20 d；其余处理方式的出根时间均为 10 d 左右。

表 1-39　激素种类、激素浓度以及浸泡时间对新棘 2 号瓶外生根率的影响

编号	激素	激素浓度/（mg/L）	浸泡时间/min	无根苗数/棵	生根率/%	编号	激素	激素浓度/（mg/L）	浸泡时间/min	无根苗数/棵	生根率/%
1	IBA	50	10	90	91.1	21	IAA	200	30	90	12.2
2	IBA	50	20	90	87.8	22	IAA	300	10	90	10
3	IBA	50	30	90	83.3	23	IAA	300	20	90	4.44
4	IBA	100	10	90	95.6	24	IAA	300	30	90	1.11
5	IBA	100	20	90	85.6	25	IBA+NAA	50	10	90	45.6
6	IBA	100	30	90	81.1	26	IBA+NAA	50	20	90	37.8
7	IBA	200	10	90	88.9	27	IBA+NAA	50	30	90	21.1

编号	激素	激素浓度/（mg/L）	浸泡时间/min	无根苗数/棵	生根率/%	编号	激素	激素浓度/（mg/L）	浸泡时间/min	无根苗数/棵	生根率/%
8	IBA	200	20	90	73.3	28	IBA+NAA	100	10	90	35.6
9	IBA	200	30	90	70.0	29	IBA+NAA	100	20	90	17.8
10	IBA	300	10	90	66.7	30	IBA+NAA	100	30	90	13.3
11	IBA	300	20	90	55.6	31	IBA+NAA	200	10	90	18.9
12	IBA	300	30	90	47.8	32	IBA+NAA	200	20	90	12.2
13	IAA	50	10	90	11.1	33	IBA+NAA	200	30	90	7.78
14	IAA	50	20	90	16.7	34	IBA+NAA	300	10	90	6.67
15	IAA	50	30	90	18.9	35	IBA+NAA	300	20	90	2.22
16	IAA	100	10	90	38.9	36	IBA+NAA	300	30	90	0
17	IAA	100	20	90	31.1	37	根宝	100%根宝原液	2s	90	78.9
18	IAA	100	30	90	21.1	38	根宝	50%根宝原液	2s	90	84.4
19	IAA	200	10	90	28.9	39	根宝	30%根宝原液	2s	90	87.8
20	IAA	200	20	90	15.6	40	CK	CK	0	90	14.4

　　从植物生长形态上看，IBA 浸泡的根系为两条主根，根系较长，主根上有多条短小须根，根毛多，根系为白色，略微发黄（图 1-47）。用 IBA 50 mg/L 三种方式浸泡时，植株地上部分色泽偏淡绿色，植株生长瘦弱。用 IBA 200 mg/L 及以上浓度浸泡时，激素浓度越高或是处理时间越长，植株地上部分变黄或枯死的就越多。IAA 几种浸泡方式也有根生成，但生根所需时间长，生根量低，根系为黑褐色，脆弱易断。IBA+NAA 处理的生根较其余几个良种和品种多，但最高也只达到 45.6%，且生根苗上部叶片偏黄，移栽不易成活。用根宝处理新棘 2 号，低浓度的生根率优于高浓度的，生根率仅次于 IBA 的处理方式，生的根短、粗，根系为黄褐色，上部叶片也略微发黄。

 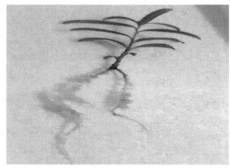

图 1-47　新棘 2 号瓶外生根图

对瓶外生根产生影响的三个因素进行方差分析，见表 1-40。方差分析结果表明，激素种类、激素浓度和浸泡时间均达到了极显著水平，三者都与生根率有密切的关系，影响程度依次为激素种类＞激素浓度＞浸泡时间。在各激素浓度与浸泡时间的比较中，IAA 与 IBA+NAA 的生根率都明显劣于 IBA 与根宝的生根率。浸泡时间对生根率高低的影响也呈现规律的分布，随着浸泡时间的延长，生根率显著下降。综上分析，新棘 2 号适宜的沙棘继代无菌苗瓶外生根处理激素为：IBA 100 mg/L 浸泡 10 min。

表 1-40　激素对新棘 2 号瓶外生根影响方差分析

变异来源	III型平方和	df	MS	F	Sig.
激素种类	28 189.818	2	14 094.909	295.121	0
激素浓度	3 718.911	5	743.782	15.573	0
浸泡时间	1 087.749	2	543.875	11.388	0
误差	1 337.272	28	47.76		
总计	34 333.75	37			

（3）各种处理对新棘 3 号瓶外生根率的影响

不同的激素、激素浓度、浸泡时间对新棘 3 号瓶外生根率的影响见表 1-41。从表中可以看出，IBA 100 mg/L 浸泡 10 min 的新棘 3 号无根苗生根率最高，达到了 93.3%，明显优于其他方式处理；其次为 IBA 200 mg/L 浸泡 10 min 的，生根率达到了 90.0%；30% 的根宝原液生根率也达到了 87.8%。将组培苗剪切插入苗盘，通过观察发现，苗根部 7 d

后有白点冒出，出根时间依次如下：IBA 100 mg/L 浸泡 10 min、IBA 200 mg/L 浸泡 10 min 和根宝处理，出根时间为 8～10 d；激素 IAA 处理的几种方式的出根时间为 18～20 d；其余处理方式的出根时间均为 12 d 左右。

表 1-41　激素种类、激素浓度以及浸泡时间对新棘 3 号瓶外生根率的影响

编号	激素	激素浓度/（mg/L）	浸泡时间/（min）	无根苗数/棵	生根率/%	编号	激素	激素浓度/（mg/L）	浸泡时间/min	无根苗数/棵	生根率/%
1	IBA	50	10	90	88.9	21	IAA	200	30	90	2.22
2	IBA	50	20	90	85.6	22	IAA	300	10	90	0.00
3	IBA	50	30	90	83.3	23	IAA	300	20	90	0.00
4	IBA	100	10	90	93.3	24	IAA	300	30	90	0.00
5	IBA	100	20	90	84.4	25	IBA+NAA	50	10	90	30.0
6	IBA	100	30	90	78.9	26	IBA+NAA	50	20	90	23.3
7	IBA	200	10	90	90.0	27	IBA+NAA	50	30	90	20.0
8	IBA	200	20	90	81.1	28	IBA+NAA	100	10	90	26.7
9	IBA	200	30	90	76.7	29	IBA+NAA	100	20	90	17.8
10	IBA	300	10	90	73.3	30	IBA+NAA	100	30	90	10.0
11	IBA	300	20	90	64.4	31	IBA+NAA	200	10	90	12.2
12	IBA	300	30	90	57.8	32	IBA+NAA	200	20	90	3.33
13	IAA	50	10	90	14.4	33	IBA+NAA	200	30	90	0.00
14	IAA	50	20	90	12.2	34	IBA+NAA	300	10	90	1.11
15	IAA	50	30	90	10.0	35	IBA+NAA	300	20	90	0.00
16	IAA	100	10	90	18.9	36	IBA+NAA	300	30	90	0.00
17	IAA	100	20	90	13.3	37	根宝	100%根宝原液	2s	90	75.6
18	IAA	100	30	90	6.67	38	根宝	50%根宝原液	2s	90	82.2
19	IAA	200	10	90	11.1	39	根宝	30%根宝原液	2s	90	87.8
20	IAA	200	20	90	7.78	40	CK	0	0	90	18.9

从植物生长形态上看，IBA 浸泡的根系为 1～2 条主根，从基部茎秆处生根，根粗壮短小，根系为白色偏淡黄。IBA 100 mg/L 浸泡 10 min 所育成的苗，茎秆绿色粗壮，植株健壮，叶片肥厚，苗较插入时有所增高（图 1-48）。当 IBA 为 50 mg/L 时，生根率也较高，但生根所需时间略长，植株长势较弱，叶偏淡绿色，根系较脆弱。IBA 200 mg/L 浸泡 10 min 时，所成苗也较为健壮，根系较粗，移栽成活率高。当 IBA 浓度为 300 mg/L 或浸泡时间在 20 min 及以上时，所成苗叶片黄色偏多，部分即使生根，上部苗也枯死。IAA 几种浸泡方式也有根生成，但生根所需时间长，生根量较低，根系为黑褐色，脆弱易断。IBA+NAA 处理的生根效果不理想，插入的无根苗易发黄、枯死。根宝处理生的根短、粗，根系为黄褐色，移栽后易成活。

图 1-48　新棘 3 号瓶外生根图

方差分析结果表明，激素种类、激素浓度和浸泡时间均达到了极显著水平，三者都与生根率有密切的关系，影响程度依次为激素种类＞激素浓度＞浸泡时间。在各激素浓度与浸泡时间的比较中，IAA 与 IBA+NAA 的生根率都明显劣于 IBA 与根宝的生根率。浸泡时间对生根率高低的影响也呈现规律的分布，随着浸泡时间的延长，生根率显著下降。综上分析，新棘 3 号适宜的沙棘继代无菌苗瓶外生根处理激素为：IBA 100 mg/L 浸泡 10 min。

表 1-42　激素对新棘 3 号瓶外生根影响方差分析

变异来源	III型平方和	df	MS	F	Sig.
激素种类	39 034.118	2	19 517.059	1 088.011	0
激素浓度	2 075.897	5	415.179	23.145	0

变异来源	Ⅲ型平方和	df	MS	F	Sig.
浸泡时间	549.6	2	274.8	15.319	0
误差	502.272	28	17.938		
总计	42 161.887	37			

（4）各种处理对辽阜 1 号瓶外生根率的影响

不同的激素种类、激素浓度、浸泡时间对辽阜 1 号瓶外生根率影响较大，见表 1-43。从表中可以看出，IBA 100 mg/L 浸泡 10 min 的辽阜 1 号生根率最高，达到 96.7%，明显优于其他方式处理的。组培苗栽入育苗盘后，通过观察发现，苗根部 7 d 后有白点冒出，出根时间依次如下：IBA 100 mg/L 浸泡 10 min，出根时间为 8～10 d；IBA200 mg/L 浸泡 10 min，出根时间为 10 d 左右；IBA50 mg/L 浸泡 10 min、IBA100 mg/L 浸泡 20 min 和 IBA200 mg/L 浸泡 20 min，出根时间均为 12 d 左右；其他处理的出根时间为 13～18 d。

表 1-43　激素种类、激素浓度以及浸泡时间对辽阜 1 号瓶外生根率的影响

编号	激素	激素浓度/（mg/L）	浸泡时间/min	无根苗数	生根率/%	编号	激素	激素浓度/（mg/L）	浸泡时间/min	无根苗数	生根率/%
1	IBA	50	10	90	88.9	21	IAA	200	30	90	11.1
2	IBA	50	20	90	86.7	22	IAA	300	10	90	2.22
3	IBA	50	30	90	81.1	23	IAA	300	20	90	0
4	IBA	100	10	90	96.7	24	IAA	300	30	90	0
5	IBA	100	20	90	87.8	25	IBA+NAA	50	10	90	46.7
6	IBA	100	30	90	83.3	26	IBA+NAA	50	20	90	36.7
7	IBA	200	10	90	88.9	27	IBA+NAA	50	30	90	26.7
8	IBA	200	20	90	78.9	28	IBA+NAA	100	10	90	21.1
9	IBA	200	30	90	66.7	29	IBA+NAA	100	20	90	18.9
10	IBA	300	10	90	61.1	30	IBA+NAA	100	30	90	17.8
11	IBA	300	20	90	56.7	31	IBA+NAA	200	10	90	15.6
12	IBA	300	30	90	54.4	32	IBA+NAA	200	20	90	13.3

编号	激素	激素浓度/（mg/L）	浸泡时间/min	无根苗数	生根率/%	编号	激素	激素浓度/（mg/L）	浸泡时间/min	无根苗数	生根率/%
13	IAA	50	10	90	15.6	33	IBA+NAA	200	30	90	11.1
14	IAA	50	20	90	17.8	34	IBA+NAA	300	10	90	4.4
15	IAA	50	30	90	25.6	35	IBA+NAA	300	20	90	0
16	IAA	100	10	90	27.8	36	IBA+NAA	300	30	90	0
17	IAA	100	20	90	21.1	37	根宝	100%根宝原液	2s	90	76.7
18	IAA	100	30	90	15.6	38	根宝	50%根宝原液	2s	90	78.9
19	IAA	200	10	90	18.9	39	根宝	30%根宝原液	2s	90	83.3
20	IAA	200	20	90	13.3	40	CK	0	0	90	13.3

从植物生长形态上看，IBA 浸泡的根系为 1～2 条主根，主根上分布有根毛，根系均为白色，根尖略偏黄（图 1-49），其中 IBA 50 mg/L 和 100 mg/L 处理的植株地上部分颜色为绿色，植株高度有所增高；IBA 200 mg/L 和 300 mg/L 处理的植株地上部分颜色开始变黄，浓度越高，变黄程度也就越高。根宝浸泡的根系是多条须根，根系上半部为白色，根系末梢发黑，地上部分发黄，植株高度未变，植株变黄程度随浓度升高而增加。IAA 50 mg/L 和 100 mg/L 浸泡处理的植株地上部分也都是绿色，但地下部分出根极少，即使出根也多短、黑。IAA 200 mg/L 和 300 mg/L 浸泡处理的植株地上部分轻微变黄。IBA+NAA 处理的生根效果也远低于 IBA 与根宝处理的，诱导出的根系短，而且根系出现黑褐色等情况。

图 1-49　辽阜 1 号瓶外生根情况

对瓶外生根产生影响的三个因素进行方差分析，见表1-44。方差分析结果表明，激素种类、激素浓度和浸泡时间均达到了极显著水平，三者都与生根率有密切的关系，影响程度依次为激素种类＞激素浓度＞浸泡时间。在各激素浓度与浸泡时间的比较中，IAA与IBA+NAA的生根率都明显劣于IBA与根宝的生根率。浸泡时间对生根率高低的影响也呈现有规律的分布，随着浸泡时间的延长，生根率显著下降。综上分析，辽阜1号适宜的沙棘继代无菌苗瓶外生根处理方式为IBA 100 mg/L浸泡10 min。

表1-44　激素对辽阜1号瓶外生根影响方差分析

变异来源	III型平方和	df	MS	F	Sig.
激素种类	30 432.029	2	15 216.014	430.353	0
激素浓度	4 085.002	5	817	23.107	0
浸泡时间	357.067	2	178.534	5.049	0.013
误差	989.997	28	35.357		
总计	102 862.78	39			

（5）各种处理对新棘4号瓶外生根率的影响

不同的激素种类、激素浓度、浸泡时间对新棘4号瓶外生根率的影响见表1-45。从表中可以看出，IBA 100 mg/L浸泡10 min的新棘4号生根率最高，达到86.7%，明显优于其他方式处理的，但其生根率明显低于其余4个沙棘良种和3个沙棘品种。组培苗栽入育苗盘后，通过观察发现，苗根部8 d后有白点冒出，出根时间依次如下：IBA 100 mg/L浸泡10 min，出根时间为10～11 d；IAA出根时间为17～19 d；其他处理方式的出根时间为13～15 d。

从植物生长形态上看，IBA浸泡的根系发达，有4条根，根系较长，主根上有多条较长的须根，根系为白色，上部植株长势健壮，略有增高（图1-50）。IAA激素处理的无根苗地上部分也都是绿色，但地下部分出根极少，即使出根也多短、黑，高浓度的IAA激素处理生根率为0。IBA+NAA低浓度、短时间处理的有个别生出了根，所生根段，根系色泽偏褐色，上部茎叶偏黄，生根率极低；高浓度处理的，插入无根苗后，很快苗叶片变黄，随后干枯死亡，茎根部珍珠岩变成褐色。根宝所生根系粗短，有多条须根，根系上半部为白色，末梢发黑，部分生根苗地上部分发黄。

表 1-45　激素种类、激素浓度以及浸泡时间对新棘 4 号瓶外生根率的影响

编号	激素	激素浓度/（mg/L）	浸泡时间/min	无根苗数/棵	生根率/%	编号	激素	激素浓度/（mg/L）	浸泡时间/min	无根苗数/棵	生根率/%
1	IBA	50	10	90	83.3	21	IAA	200	30	90	0
2	IBA	50	20	90	81.1	22	IAA	300	10	90	0
3	IBA	50	30	90	73.3	23	IAA	300	20	90	0
4	IBA	100	10	90	86.7	24	IAA	300	30	90	0
5	IBA	100	20	90	76.7	25	IBA+NAA	50	10	90	6.67
6	IBA	100	30	90	72.2	26	IBA+NAA	50	20	90	3.33
7	IBA	200	10	90	82.2	27	IBA+NAA	50	30	90	0
8	IBA	200	20	90	70	28	IBA+NAA	100	10	90	14.4
9	IBA	200	30	90	63.3	29	IBA+NAA	100	20	90	7.78
10	IBA	300	10	90	65.6	30	IBA+NAA	100	30	90	1.11
11	IBA	300	20	90	48.9	31	IBA+NAA	200	10	90	0
12	IBA	300	30	90	35.6	32	IBA+NAA	200	20	90	0
13	IAA	50	10	90	18.9	33	IBA+NAA	200	30	90	0
14	IAA	50	20	90	12.2	34	IBA+NAA	300	10	90	0
15	IAA	50	30	90	6.67	35	IBA+NAA	300	20	90	0
16	IAA	100	10	90	14.4	36	IBA+NAA	300	30	90	0
17	IAA	100	20	90	8.89	37	根宝	100%根宝原液	2s	90	67.8
18	IAA	100	30	90	4.44	38	根宝	50%根宝原液	2s	90	76.7
19	IAA	200	10	90	7.78	39	根宝	30%根宝原液	2s	90	78.9
20	IAA	200	20	90	0	40	CK	0	0	90	12.2

图 1-50　新棘 4 号瓶外生根情况

对新棘 4 号瓶外生根产生影响的三个因素进行方差分析，见表 1-46。方差分析结果表明，激素种类、激素浓度和浸泡时间均达到了极显著水平，三者都与生根率有密切的关系，影响程度依次为激素种类＞激素浓度＞浸泡时间。在各激素浓度与浸泡时间的比较中，IAA 与 IBA+NAA 的生根率都明显劣于 IBA 与根宝的生根率。浸泡时间对生根率高低的影响也呈现有规律的分布，随着浸泡时间的延长，生根率显著下降。综上分析，新棘 4 号适宜的沙棘继代无菌苗瓶外生根处理方式为 IBA 100 mg/L 浸泡 10 min。

表 1-46　激素对新棘 4 号瓶外生根影响方差分析

变异来源	Ⅲ型平方和	df	MS	F	Sig.
激素种类	34 355.018	2	17 177.509	349.791	0
激素浓度	1 502.08	5	300.416	6.117	0.001
浸泡时间	375.178	2	187.589	3.82	0.034
误差	1 375.02	28	49.108		
总计	37 607.296	37			

（6）各种处理对深秋红瓶外生根率的影响

不同的激素种类、激素浓度、浸泡时间对深秋红瓶外生根率的影响见表 1-47。从表 1-47 中可以看出，以 100 mg/L 的 IBA 浸泡 10 min 的生根率最高，高达 95.0%，明显优于其他方式处理的。组培苗栽入育苗盘后，通过观察发现，IBA 100 mg/L 浸泡 10 min 的出根时间最早，为 8～9 d，在基部出现白色的突起，随后突起处伸出白色的根尖，20 d

后根长可达 2 cm；IAA 激素处理的生根较晚，出根时间为 15～16 d；其余处理出根时间为 12 d。

表 1-47　激素种类、激素浓度以及浸泡时间对深秋红瓶外生根率的影响

编号	激素	激素浓度/（mg/L）	浸泡时间/min	无根苗数	生根率/%	编号	激素	激素浓度/（mg/L）	浸泡时间/min	无根苗数	生根率/%
1	IBA	50	10	90	87.5	21	IAA	200	30	90	12.5
2	IBA	50	20	90	85.0	22	IAA	300	10	90	2.50
3	IBA	50	30	90	80.0	23	IAA	300	20	90	0.00
4	IBA	100	10	90	95.0	24	IAA	300	30	90	0.00
5	IBA	100	20	90	87.5	25	IBA+NAA	50	10	90	45.0
6	IBA	100	30	90	82.5	26	IBA+NAA	50	20	90	35.0
7	IBA	200	10	90	82.5	27	IBA+NAA	50	30	90	25.0
8	IBA	200	20	90	77.5	28	IBA+NAA	100	10	90	20.0
9	IBA	200	30	90	75.0	29	IBA+NAA	100	20	90	17.5
10	IBA	300	10	90	70.0	30	IBA+NAA	100	30	90	17.5
11	IBA	300	20	90	65.0	31	IBA+NAA	200	10	90	17.5
12	IBA	300	30	90	62.5	32	IBA+NAA	200	20	90	12.5
13	IAA	50	10	90	30.0	33	IBA+NAA	200	30	90	10.0
14	IAA	50	20	90	25.0	34	IBA+NAA	300	10	90	5.00
15	IAA	50	30	90	25.0	35	IBA+NAA	300	20	90	0.00
16	IAA	100	10	90	25.0	36	IBA+NAA	300	30	90	0.00
17	IAA	100	20	90	20.0	37	根宝	100%根宝原液	2s	90	75.0
18	IAA	100	30	90	15.0	38	根宝	50%根宝原液	2s	90	77.5
19	IAA	200	10	90	17.5	39	根宝	30%根宝原液	2s	90	82.5
20	IAA	200	20	90	12.5	40	CK	0	0	90	12.5

从植物生长形态上看，IBA 浸泡的根系发达，是 5 个沙棘良种和 3 个品种中根系最为发达的，有多条根系，须根多，根系为白色，上部茎段较粗，叶尖略有干尖（图 1-51）。IBA 200 mg/L 浸泡 10 min 和根宝处理时，在裸露在珍珠岩表层的茎段处也可看见有根系生成，根短，呈针尖状，黄褐色，个别紧贴珍珠岩的叶片也有类似根系生成。IAA 和 IBA+NAA 处理的生根效果不理想，生根率极低，没有生根的苗很快干枯死亡。

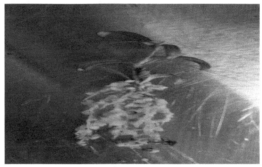

图 1-51　深秋红瓶外生根图

对深秋红瓶外生根产生影响的三个因素进行方差分析，见表 1-48。表 1-48 表明，激素种类、激素浓度、浸泡时间都与生根率有密切的关系，三者对生根率的影响均达到了极显著水平，其影响程度依次为激素种类＞激素浓度＞浸泡时间。比较不同激素浓度与浸泡时间各处理的生根率可知，IAA 与 IBA+NAA 的生根率均明显低于 IBA 与根宝处理的生根率，浸泡时间影响下生根率的高低也呈现规律分布特点，随着浸泡时间的延长，生根率显著下降。综上分析，深秋红适宜的沙棘继代无菌苗瓶外生根处理方式为 IBA 100 mg/L 浸泡 10 min。

表 1-48　激素对深秋红瓶外生根影响方差分析

变异来源	III型平方和	df	MS	F	Sig.
激素种类	31 684.722	2	15 842.361	880.447	0
激素浓度	3 333.333	5	666.667	37.05	0
浸泡时间	367.014	2	183.507	10.198	0
误差	503.819	28	17.994		
总计	35 888.888	39			

（7）各种处理对新棘 5 号瓶外生根率的影响

不同的激素种类、激素浓度、浸泡时间对新棘 5 号瓶外生根率影响见表 1-49。从表中可以看出，IBA 100 mg/L 浸泡 10 min 的新棘 5 号无根苗生根率最高，达到了 94.4%，明显优于其他方式的处理；其次为 IBA200 mg/L 浸泡 10 min，生根率达到了 91.1%；IBA 50 mg/L 浸泡 10 min，也达到了 90.0%。总体来说，新棘 5 号瓶外生根较易成活。组培苗剪切插入苗盘后，通过观察发现，苗根部 7 d 后有白点冒出，出根时间依次如下：IBA 100 mg/L 浸泡 10 min、IBA 200 mg/L 浸泡 10 min 和根宝处理，出根时间为 8～9 d；激素 IAA 处理的几种方式的出根时间为 15～16 d；其余处理方式的出根时间均为 12 d 左右。

表 1-49　激素种类、激素浓度以及浸泡时间对新棘 5 号瓶外生根率的影响

编号	激素	激素浓度/（mg/L）	浸泡时间/min	无根苗数/棵	生根率/%	编号	激素	激素浓度/（mg/L）	浸泡时间/min	无根苗数/棵	生根率/%
1	IBA	50	10	90	90.0	21	IAA	200	30	90	10.0
2	IBA	50	20	90	86.7	22	IAA	300	10	90	8.89
3	IBA	50	30	90	81.1	23	IAA	300	20	90	5.56
4	IBA	100	10	90	94.4	24	IAA	300	30	90	1.11
5	IBA	100	20	90	83.3	25	IBA+NAA	50	10	90	24.4
6	IBA	100	30	90	76.7	26	IBA+NAA	50	20	90	20.0
7	IBA	200	10	90	91.1	27	IBA+NAA	50	30	90	10.0
8	IBA	200	20	90	84.4	28	IBA+NAA	100	10	90	21.1
9	IBA	200	30	90	76.7	29	IBA+NAA	100	20	90	7.78
10	IBA	300	10	90	72.2	30	IBA+NAA	100	30	90	3.33
11	IBA	300	20	90	67.8	31	IBA+NAA	200	10	90	4.44
12	IBA	300	30	90	63.3	32	IBA+NAA	200	20	90	0.00
13	IAA	50	10	90	23.3	33	IBA+NAA	200	30	90	0.00
14	IAA	50	20	90	40.0	34	IBA+NAA	300	10	90	1.11
15	IAA	50	30	90	47.8	35	IBA+NAA	300	20	90	0.00
16	IAA	100	10	90	42.2	36	IBA+NAA	300	30	90	0.00

编号	激素	激素浓度/（mg/L)	浸泡时间/min	无根苗数/棵	生根率/%	编号	激素	激素浓度/（mg/L)	浸泡时间/min	无根苗数/棵	生根率/%
17	IAA	100	20	90	27.8	37	根宝	100%根宝原液	2s	90	78.89
18	IAA	100	30	90	18.9	38	根宝	50%根宝原液	2s	90	84.44
19	IAA	200	10	90	21.1	39	根宝	30%根宝原液	2s	90	88.89
20	IAA	200	20	90	12.2	40	CK	CK	0	90	12.2

从植物生长形态上看，新棘 5 号用 IBA 100 mg/L 浸泡 10 min，其根系发达，有 3～5 条根，须根多，20 d 后根长可达 2.5 cm，根系为白色偏黄，上部茎段较粗壮，略有长高，叶片肥厚，长势较壮（图 1-52）。IBA 200 mg/L 浸泡 10 min 的，在裸露于珍珠岩表层的茎秆处有根形成，且比茎秆切口处先形成根，所成根系较 IBA 100 mg/L 浸泡 10 min 的短，但粗壮，上部叶片略微偏黄。IBA 50 mg/L 浸泡 10 min 的，所成苗上部茎秆较为细弱，叶片呈淡绿色，根系为白色、脆弱，根系须根少，但根系较其余的处理长。IAA 和 IBA+NAA 处理的也有一定比例的生根苗，但总体低于其他处理。根宝处理可以获得较高的生根苗，所成苗根系发达，须根较多，茎秆粗壮。

图 1-52　新棘 5 号瓶外生根情况

对新棘 5 号瓶外生根产生影响的三个因素进行方差分析，见表 1-50。表 1-50 表明，激素种类、激素浓度、浸泡时间都与生根率有密切的关系，且对生根率的影响均达到了极显著水平，其影响程度依次为激素种类＞激素浓度＞浸泡时间。比较不同激素浓度与浸泡时间各处理的生根率可知，IAA 与 IBA+NAA 处理的生根率均明显低于 IBA 与根宝处理的生根率，在浸泡时间影响下，生根率的高低也呈现规律分布特点，随着浸泡时间的延长，生根率显著下降。综上分析，新棘5号适宜的沙棘继代无菌苗瓶外生根处理方式为 IBA 100 mg/L 浸泡 10 min。

表 1-50　激素对新棘 5 号瓶外生根影响方差分析

变异来源	III型平方和	df	MS	F	Sig.
激素种类	36 022.592	2	18 011.296	362.669	0
激素浓度	2 693.073	5	538.615	10.845	0
浸泡时间	464.037	2	232.019	4.672	0.018
误差	1 390.571	28	49.663		
总计	40 570.273	37			

（8）各种处理对辽阜 2 号瓶外生根率的影响

不同的激素种类、激素浓度、浸泡时间对辽阜 2 号瓶外生根率影响见表 1-51。从表中可以看出，以 IBA 100 mg/L 浸泡 10 min 的生根率最高，高达 88.9%，明显优于其他方式处理的。试验观察发现，辽阜 2 号瓶外生根出根时间较晚，第 9 天才见有无根苗基部出现白色突起，随后发育成根，伸长生长。出根时间依次如下：IBA 100 mg/L 浸泡 10 min、IBA 200 mg/L 浸泡 10 min 和根宝处理的出根时间为 10～11 d；激素 IAA 处理的儿种方式的出根时间为 18～20 d；其余处理方式的出根时间均为 14 d 左右。

表 1-51　激素种类、激素浓度以及浸泡时间对辽阜 2 号瓶外生根率的影响

编号	激素	激素浓度/（mg/L）	浸泡时间/min	无根苗数/棵	生根率/%	编号	激素	激素浓度/（mg/L）	浸泡时间/min	无根苗数/棵	生根率/%
1	IBA	50	10	90	86.7	21	IAA	200	30	90	8.89
2	IBA	50	20	90	83.3	22	IAA	300	10	90	5.56
3	IBA	50	30	90	78.9	23	IAA	300	20	90	0
4	IBA	100	10	90	88.9	24	IAA	300	30	90	0
5	IBA	100	20	90	83.3	25	IBA+NAA	50	10	90	21.10

编号	激素	激素浓度/（mg/L）	浸泡时间/min	无根苗数/棵	生根率/%	编号	激素	激素浓度/（mg/L）	浸泡时间/min	无根苗数/棵	生根率/%
6	IBA	100	30	90	71.1	26	IBA+NAA	50	20	90	14.40
7	IBA	200	10	90	84.4	27	IBA+NAA	50	30	90	6.67
8	IBA	200	20	90	73.3	28	IBA+NAA	100	10	90	16.67
9	IBA	200	30	90	67.8	29	IBA+NAA	100	20	90	10.09
10	IBA	300	10	90	57.8	30	IBA+NAA	100	30	90	2.22
11	IBA	300	20	90	54.4	31	IBA+NAA	200	10	90	5.56
12	IBA	300	30	90	41.1	32	IBA+NAA	200	20	90	0
13	IAA	50	10	90	25.6	33	IBA+NAA	200	30	90	0
14	IAA	50	20	90	20	34	IBA+NAA	300	10	90	0
15	IAA	50	30	90	12.2	35	IBA+NAA	300	20	90	0
16	IAA	100	10	90	23.3	36	IBA+NAA	300	30	90	0
17	IAA	100	20	90	16.7	37	根宝	100%根宝原液	2s	90	72.20
18	IAA	100	30	90	14.4	38	根宝	50%根宝原液	2s	90	81.10
19	IAA	200	10	90	22.2	39	根宝	30%根宝原液	2s	90	84.40
20	IAA	200	20	90	13.3	40	CK	CK	0	90	26.67

从植物生长形态上看，辽阜 2 号用 IBA 100 mg/L 浸泡 10 min，其根系发达，多条根，须根多，根系为白色略偏黄，上部茎段较粗壮，略有长高，叶片绿色，长势较壮（图1-53）。IBA 200 mg/L 浸泡 10 min 和根宝处理的，在裸露于珍珠岩表层的茎段处也有根系生成，根短，呈针尖状，黄褐色，个别紧贴珍珠岩的叶片也有类似根系生成。激素浓度过高或是处理时间过长，会造成上部叶片发黄，脱落，茎秆基部褐化死亡。IAA 和IBA+NAA 处理的生根能力较弱，所成苗上部茎叶多为黄色，长势弱。

图 1-53　辽阜 2 号瓶外生根情况

对辽阜 2 号瓶外生根产生影响的三个因素进行方差分析，见表 1-52。表 1-52 表明，激素种类、激素浓度、浸泡时间与生根率都有密切的关系，三者对生根率的影响均达到了极显著水平，其影响程度依次为激素种类＞激素浓度＞浸泡时间。比较不同激素浓度与浸泡时间各处理的生根率可知，IAA 与 IBA+NAA 处理的生根率都明显低于 IBA 与根宝处理的生根率，浸泡时间影响下，生根率的高低也呈现规律分布特点，随着浸泡时间的延长，生根率显著下降。综上分析，辽阜 2 号适宜的沙棘继代无菌苗瓶外生根处理方式为 IBA 100 mg/L 浸泡 10 min。

表 1-52　激素对辽阜 2 号瓶外生根影响方差分析

变异来源	III型平方和	df	MS	F	Sig
激素种类	31 689.536	2	15 844.768	606.03	0
激素浓度	2 477.774	5	495.555	18.954	0
浸泡时间	754.06	2	377.03	14.421	0
误差	732.065	28	26.145		
总计	35 653.435	37			

瓶外生根是一种能降低成本、缩短育苗周期、节省时间、提高移栽成活率、简单易行的有效技术，本实验针对沙棘的生长特性，分析总结了 5 个沙棘良种和 3 个品种使用不同激素种类、浓度和浸泡时间对沙棘组培无根苗生根所产生的影响。我们通过多次应用实验证实，5 个沙棘良种和 3 个品种均在 IBA100 mg/L 浸泡 10 min 的条件下，生根效

果最为理想，生根率最高，所生根系健壮，植株长势健壮。为此，可将 IBA100 mg/L 浸泡 10 min 作为不考虑品种差异下的沙棘无根苗瓶外生根通用处理方法。

1.2.3.3 温度和湿度对 5 个沙棘良种和 3 个品种的瓶外生根影响

（1）实验处理

将淘洗过的珍珠岩装入底部透气的育苗盘中，使基质湿度保持在 80%左右，表层均匀喷施 1 000 倍 80%多菌灵溶液。将实验苗按照标签标示的实验组别，等距插入育苗盘中对应的区域内。待整个育苗盘插满后，在苗上方 20 cm 处均匀喷施 1 遍多菌灵，在管理期间，多菌灵喷施 1 周 1 次即可。最后，将塑料薄膜覆盖于育苗盘之上，快速移入用塑料薄膜搭建好的棚架之中，并且放置温湿度计用以监控空气温湿度。

通过设置（19±1）℃、（21±1）℃、（23±1）℃、（25±1）℃、（27±1）℃、（29±1）℃共 6 个温度梯度和（75±2）%、（80±2）%、（85±2）%、（90±2）%、（95±2）%共 5 个湿度梯度，确定瓶外生根时最佳的培养温度和培养湿度。每个梯度和湿度插入 5 个沙棘良种和 3 个沙棘品种无根苗各 150 棵，扦插使用激素为 IBA 100 mg/L，浸泡 10 min。光照时间设定为 10 h。前 1～3 d 尽可能不施加外部干预措施（若相对空气湿度低于 75%可适当喷水），由于基质湿度大，容易导致空气湿度过高，故需要密切监控，使温湿度都保持在适当的范围内。

（2）温度对 5 个沙棘良种和 3 个品种的瓶外生根影响

温度是影响沙棘组培无根苗瓶外生根成活与否的关键因素之一，温度过高或过低都会对植株造成不可逆的伤害，影响其生根率。温度对 5 个沙棘良种和 3 个沙棘品种的影响结果见表 1-53。可以看出，温度对 5 个沙棘良种和 3 个沙棘品种影响较大，温度高于 29℃后，组培无根苗在扦插 1 周后就陆续死亡，没有死亡的根大多腐烂或是根生长细长、瘦弱，可能由于高温使组培无根苗失水过快，叶片不能及时补水，造成苗茎叶干枯，即使有根形成的，高温高湿也易使根腐烂。当温度低于 23℃后，组培无根苗扦插后生根率明显降低，出根时间延长，苗长势较弱。综合分析，5 个沙棘良种和 3 个沙棘品种最适宜的沙棘瓶外生根培养温度为（27±1）℃，此温度下，生根率均达到了最大值，且所生根生长健壮，生根苗质量较好。

表 1-53　不同温度对沙棘瓶外生根率的影响

品种	温度/℃					
	19±1	21±1	23±1	25±1	27±1	29±1
新棘 1 号	47.3	67.3	80.7	87.3	90.7	78.7
新棘 2 号	48.7	83.3	90.7	92.7	96	80.7
新棘 3 号	46.7	62.7	81.3	90	92.7	79.3
辽阜 1 号	52.7	70.7	82.7	94	97.3	81.3
新棘 4 号	34.7	61.3	69.3	82.7	87.3	74.7
深秋红	56.7	68.7	83.3	90.7	95.3	77.3
新棘 5 号	50.7	66.7	71.3	89.3	94.7	74
辽阜 2 号	46.7	59.3	72.7	84.7	88	73.3

（3）湿度对 5 个沙棘良种和 3 个品种的瓶外生根影响

湿度也是影响沙棘组培无根苗瓶外生根成活与否的关键因素之一，湿度过高易造成无根苗腐烂死亡，湿度过低，苗木干枯较快，为此，我们设置了 5 个湿度梯度，在（27±1）℃、光照时间设定为 12 h 的条件下，对 5 个沙棘良种和 3 个沙棘品种进行瓶外生根苗培养，以确定瓶外生根最佳的培养湿度，结果见表 1-54。由表 1-54 可以看出，湿度对 5 个沙棘良种和 3 个沙棘品种的影响极显著，当湿度高于（95±2）%时，沙盘基部水分过大，插入的组培无根苗贴近珍珠岩的茎秆基部逐渐变褐，7 d 后茎秆倒伏，苗木基部腐烂，即使生根后，根系也易腐烂，苗木倒伏，部分还会出现真菌感染。当湿度低于（85±2）%时，插入的组培无根苗叶片易失去水分，造成苗木变黄干枯，不易生根。尤其是刚插入时，如果湿度过低，组培的无根苗极易萎缩，超过 24 h 后，即使恢复适宜的湿度，无根苗也无法恢复生长，最终萎缩死亡。综合分析，5 个沙棘良种和 3 个沙棘品种最适宜的沙棘瓶外生根培养湿度为（90±2）%，此湿度下生根率均达到了最大值，且所生根生长健壮，生根苗质量较好。

表 1-54　不同湿度对沙棘瓶外生根率的影响

品种	湿度/%				
	75±2	80±2	85±2	90±2	95±2
新棘 1 号	33.3	66.7	82.7	89.3	73.3
新棘 2 号	40.7	70.7	85.3	95.3	75.3
新棘 3 号	39.3	72.7	88.7	94	76
辽阜 1 号	47.3	73.3	86.7	96	79.3
新棘 4 号	34.7	67.3	81.3	86	74.7
深秋红	43.3	74.7	89.3	94.7	80.7
新棘 5 号	52	77.3	87.3	93.3	82.7
辽阜 2 号	29.3	52.7	74.7	88.7	77.3

1.2.3.4　移栽

将沙盘中已经生根的 5 个沙棘良种和 3 个沙棘品种苗进行移栽，移栽基质为草炭土：珍珠岩=1：7，移栽完成后，浇水放置于培养室中 1～2 d，再放置于培养室外过渡 1～2 d，最后放置于室外向阳处生长，依据基质湿度适量浇水，增加抗逆性，尽快适应外界环境，等到苗冒出一两片叶片后即可移栽至大棚。经试验，5 个沙棘良种和 3 个沙棘品种移栽成活率达到了 90%以上，并且成活苗在 20 d 左右长出新叶，可移栽至大棚，说明此种移栽方式对于沙棘瓶外生根苗的后续培养管理效率较高（图 1-54）。

（a）移栽 7 d 长势　　　　　　　　　　（b）移栽 20 d 后长势

图 1-54　沙棘瓶外生根苗移栽成活情况

1.2.3.5　瓶外生根的小结

使用瓶外生根技术对沙棘进行工厂化育苗，不仅简化了生产程序，使大规模生产沙棘成为可能，而且降低了生产成本，提高了沙棘组培苗的经济效益。本实验首次确定了5 个沙棘良种和 3 个沙棘品种瓶外生根合适的激素种类、激素浓度和浸泡时间，确定了合适的环境温湿度，为沙棘工厂化快繁提供了一条省时、节能、低成本的简便易行的生产途径。

1）不同的激素种类、激素浓度、浸泡时间对沙棘瓶外生根率均有影响，大量试验表明，5 个沙棘良种和 3 个沙棘品种采用 IBA 100 mg/L 浸泡 10 min 处理的生根率最高，生根效果最好，均达到 85%以上；可将 IBA100 mg/L 浸泡 10 min 作为不考虑品种差异下沙棘无根苗瓶外生根的通用处理方法。

2）为提高沙棘瓶外生根率，需确保实验环境在恒温恒湿的情况下进行，开始培养的 1～7 d，培养温度需控制在（27±2）℃，相对湿度控制在（90±2）%，光照强度为2500 lx，光照时间为 12 h/d。逐渐延长通风透光时间，直到沙盘苗生根后适应外界环境。温湿度在瓶外生根时应结合实际情况进行适度调控。

3）瓶外生根苗根系较脆弱，移栽时注意操作，防止断根，移栽前期加强水分管理，以增强其抗逆性，尽快适应外界环境。经试验，5 个沙棘良种和 3 个沙棘品种移栽成活率达到了 90%以上，并且成活苗在 20 d 左右长出新叶，可移栽至大棚。大量试验表明，幼苗冒出一两片叶片后即可移栽至大棚。

4）组培苗在继代增殖到一定数量后，就要将部分分化苗转入生根培养，本研究改进的关键是将沙棘组培苗的生根阶段和移栽驯化合二为一，这可使沙棘组培苗的生根周期缩短 20 d 左右，且生根率普遍略高于瓶内生根率。该技术的应用可缩短沙棘组培育苗时间，降低成本，提高成活率。

1.2.4　沙棘组培体系优化

1.2.4.1　沙棘组织培养技术体系

本书通过对沙棘多个品种初代培养、继代增殖培养、生根培养和炼苗移栽等组培关键技术的研究，建立了沙棘组织培养技术体系（表 1-55），培育了沙棘组培苗 4 万株。

表 1-55　沙棘组织培养技术体系

培养阶段	外植体	品种	适宜培养基	蔗糖	琼脂	培养条件
初代培养	茎尖	新棘1号	1/4MS+6-BA0.3 mg/L	3%	0.6%	培养温度为25℃左右,湿度50%～70%,光照强度为2 000～3 000 lx,光照时间为13～16 h/d
		新棘2号	1/2MS+6-BA0.3 mg/L			
		新棘3号	1/4MS+6-BA0.5 mg/L			
		辽阜1号	1/2MS+6-BA0.3 mg/L			
		新棘4号	1/4MS+6-BA0.3 mg/L			
		深秋红	1/4MS+6-BA0.5 mg/L			
		新棘5号	1/4MS+6-BA0.3 mg/L			
		辽阜2号	1/4MS+6-BA0.5 mg/L			
继代培养	无菌苗茎尖	新棘1号	1/4MS+6-BA0.3 mg/L	3%	0.6%	培养温度为25℃左右,湿度50%～70%,光照强度为2 000～3 000 lx,光照时间为13～16 h/d
		新棘2号	1/4MS+6-BA0.3 mg/L			
		新棘3号	1/4MS+6-BA0.5 mg/L+IAA0.2 mg/L			
		辽阜1号	1/4MS+6-BA0.3 mg/L			
		新棘4号	1/4MS+6-BA0.3 mg/L			
		深秋红	1/4MS+6-BA0.3 mg/L			
		新棘5号	1/4MS+6-BA0.3 mg/L			
		辽阜2号	1/4MS+6-BA0.3 mg/L			
	无菌苗茎段	新棘1号	1/4MS+6-BA0.3 mg/L			
		新棘2号	1/4MS+6-BA0.5 mg/L+IAA0.2 mg/L			
		新棘3号	1/4MS+6-BA0.5 mg/L+IAA0.2 mg/L			
		辽阜1号	1/4MS+6-BA0.3 mg/L			
		新棘4号	1/4MS+6-BA0.3 mg/L			
		深秋红	1/4MS+6-BA0.3 mg/L			
		新棘5号	1/4MS+6-BA0.3 mg/L			
		辽阜2号	1/4MS+6-BA0.5 mg/L+IAA0.2 mg/L			

培养阶段	外植体	品种	适宜培养基	蔗糖	琼脂	培养条件
继代培养	无菌苗愈伤组织	新棘1号	1/4MS+6-BA0.5 mg/L+IAA0.2 mg/L	3%	0.6%	培养温度为25℃左右,湿度50%~70%,光照强度为2 000~3 000 lx,光照时间为13~16 h/d
		新棘2号	1/4MS+6-BA0.3 mg/L			
		新棘3号	1/4MS+6-BA0.5+IAA0.3 mg/L			
		辽阜1号	1/4MS+6-BA0.5+IAA0.3 mg/L			
		新棘4号	1/4MS+6-BA0.3 mg/L			
		深秋红	1/4MS+6-BA0.5+IAA0.2 mg/L			
		新棘5号	1/4MS+6-BA0.3 mg/L			
		辽阜2号	1/4MS+6-BA0.5 mg/L+IAA0.2 mg/L			
	无菌苗叶片	新棘1号	1/4MS+6-BA0.5 mg/L+IAA0.3 mg/L			
		新棘2号				
		新棘3号				
		辽阜1号				
		新棘4号				
		深秋红				
		新棘5号				
		辽阜2号				
生根培养	瓶内生根 3 cm无根苗	新棘1号	1/4MS+6-BA0.1 mg/L+IBA1.0 mg/L	0.2%	0.6%	培养温度为25℃左右,湿度50%~70%,光照强度为2 000~3 000 lx,光照时间为13~16 h/d
		新棘2号	1/4MS+IBA0.3 mg/L	0.3%		
		新棘3号	1/4MS+IBA0.3 mg/L	0.3%		
		辽阜1号	1/4MS+6-BA0.1 mg/L+IBA1.0 mg/L	0.2%		
		新棘4号	1/4MS+6-BA0.2 mg/L	0.3%		
		深秋红	1/4MS+IBA0.3 mg/L	0.3%		
		新棘5号	1/4MS+6-BA0.2 mg/L	0.3%		
		辽阜2号	1/4MS+IBA0.3 mg/L	0.3%		

培养阶段	外植体	品种	适宜培养基	蔗糖	琼脂	培养条件
生根培养	瓶外生根	新棘1号 新棘2号 新棘3号 辽阜1号 新棘4号 深秋红 新棘5号 辽阜2号	3 cm无根苗 IBA 100 浸泡 10 min	—	—	培养温度为27~28℃,湿度85%~95%,光照强度为2 500 lx,光照时间为14 h/d,逐渐通风透光至完全室外培养
移栽炼苗	生根苗		移栽基质为草炭土和珍珠岩,瓶内移栽成活率达96%以上,瓶外移栽成活率90%以上			最初7 d湿度在95%以上,逐渐延长通风透光时间至完全室外培养

1.2.4.2　影响沙棘组培苗规模化生产的几个关键因素

为优化沙棘组织培养技术,便于规模化生产和应用,我们对影响规模化生产的几个关键因素进行了试验。

褐化是沙棘组织培养中的常见问题,沙棘组织创伤分泌出的酚类物质一旦接触空气便被氧化成醌类有毒物质,这些有毒物质积累在培养基中会使培养材料死亡。我们研究了暗培养的时间、培养基的软硬度、光照时间和转接周期对沙棘褐化的影响,最终确定暗培养 3 d,7 g/L 琼脂,光照 2 000~3 000 lx、13~16 h/d,20 d 内转接可有效抑制褐化,确保植株生长旺盛,色泽正常。

玻璃化苗很难移栽成活,给沙棘离体快繁带来了极大的损失。我们认为,试管苗的玻璃化,主要是培养基中的细胞分裂素水平太高,碳源、琼脂含量太低,容器过分密闭等原因造成的。实验表明,培养基激素配比对沙棘苗玻璃化影响较大,高浓度的 6-BA 和 IAA 均会导致大量玻璃化苗的产生,降低激素用量能有效降低沙棘玻璃化苗的产生。本实验确定在初代培养中使用 6-BA0.3~0.5 mg/L 时玻璃化苗率最低。接种密度 8 棵/瓶,培养基蔗糖浓度 30 g/L,温度为 25℃,光照 2 000~3 000 lx、13~16 h/d,20 d 内转接可有效抑制沙棘苗玻璃化现象,确保植株生长旺盛,色泽正常。

沙棘初代苗尤其是大田茎尖在接种后,新长出的侧芽容易出现"干尖"现象,即新芽茎尖发黑，后蔓延至茎段，最终新萌发的侧芽全株变黑死亡。在本实验中，实验了 Ca^{2+} 浓度和转接周期对沙棘初代苗"干尖"现象的影响。确定保持 1/4MS 基本培养基中其他元素不变，提高 Ca^{2+} 浓度 2～3 倍，可有效抑制"干尖"现象，同时，在发现茎尖有变黑的迹象时及时进行转接，"干尖"苗可恢复成正常苗。

1.3 沙棘半木质化快繁技术

为了促使沙棘规模化生产，同时保证沙棘优良性状遗传稳定，就需要使用一些特定的繁殖方法。

（1）有性繁殖

所谓有性繁殖主要是指种子繁殖，虽然种子繁殖获得苗木的速度快，但是所获得的苗木分化较为严重，不能很好地保存原有植株的优良性状，而且沙棘种子繁殖所获得的雄株所占比例较大，占群体总数的 60%左右，栽后不易丰产。因此，生产中往往不采用种子繁殖，大多采用根蘖、绿枝和木质化硬枝插扦的方式进行无性繁殖，与此同时，组织培养的新技术也逐步开始应用。

（2）无性繁殖

植株的无性繁殖方法有很多种，沙棘常用的无性繁殖方式主要有绿枝扦插法、压条法、嫁接法、实生繁殖法和组织培养等。沙棘扦插繁殖是沙棘育苗中研究最多、应用最广的繁殖技术，不但能够弥补种子繁殖的不足，而且能够很好地保护稀有良种的繁育。然而沙棘扦插繁殖也有诸多缺点，主要表现在以下三点：第一，很容易受到母本材料数量的限制。如果沙棘母本材料数量有限，那么就不能快速大量生产。第二，很容易受到母本材料树龄的限制。随着沙棘树体年龄的增长，沙棘自身的枝条细胞所包含的营养成分逐年下降，而且分泌出的激素抑制会导致扦插枝条生根率降低，很容易感染病害，成活率会有所降低。第三，沙棘对于扦插环境也较为挑剔，主要包括光照、温度、土质等多个方面。我国的研究学者针对不同扦插技术的困难、问题进行不断的攻关，已经获得了较为显著的成果。据报道，沙棘如果用 100 mg/kg 的 ABT2 号生根粉处理 12 h，而且所扦插的深度为 12 cm，就能够提高扦插成活率，达到 50%左右。另有学者研究发现，沙棘扦插的土质如果按照 50%的森林土+30%的耕作土+20%的沙土来配制，那么扦插大果沙棘的成活率能够高达96%左右。除此之外，沙棘扦插成活率也与插穗的木质化程度有着紧密的关系，沙棘插穗的木质化程度越高，扦插的成活率越低。多方的研究实验表明，如果采用接近半木质化程度的沙棘枝条段，并且将扦插的日期定在每年的6月下旬，那么沙棘扦插的成活率能够达到95.6%左右。半木质化快繁技术即从采穗圃中的优良品种的母树或良种树木上采集生长健壮、半木质化的枝条进行扦插繁殖的一种育苗方法和技术。半木质化枝条扦插作为一种无性繁殖方法，能保持品种的优良特点，而且扦插材料来源广泛，育苗时间长（6—8月都可繁殖），此方法简单，扦插成活率高，可以繁殖大量品种纯正的优质苗木，苗木造林后开花结果早。因此，优质、高效的半木质化枝条扦插繁育技术，对沙棘的良种繁育及进行高产、优质栽培具有重要意义。

1.3.1 材料与方法

1.3.1.1 试验地概况

实验地青河县位于阿勒泰东部，准噶尔盆地东北边缘，阿尔泰山的东南脉，其地理坐标为北纬45°00′00″~47°20′27″、东经89°47′51″~91°04′37″，属大陆性北温带干旱气候，高山高寒，四季变化不明显，空气干燥。青河县地处欧亚大陆中心，年降水量小（年均降水量为161 mm）且主要分布在6—9月，占全年降水量的47%。蒸发量大，尤其是夏季蒸发量占全年的49.3%，空气干燥。冬季漫长而寒冷，风势较大，多为西北风，大于8级以上大风的年平均天数为21.4天，最高达54天。积雪时间长，从11月中旬至翌年3月中旬，长达4个月左右，一般积雪厚度为30 cm左右。夏季凉爽，几乎无明显夏季，春、秋季相依，年平均气温0℃左右，最冷月（1月）平均气温-23.5℃，最热月（7月）平均气温18.3℃，≥10℃的积温为2 016℃，年平均无霜期103天，年平均日照时数为3 165.3小时，日照率为71%。项目区土壤肥力高钾、缺氮少磷，适宜大果沙棘生长。从自然降水来说，项目区并不是理想的沙棘种植地区，但是项目区位于乌伦古河上游灌溉水源充沛区域，可以满足沙棘生长的基本需要。

青河全县2013年年末总人口6.47万人，其中非农业人口24 082人，占总人口的37.22%，农业人口40 618人，占总人口数的62.78%。2014年年末全县完成生产总值14.84亿元，其中农林牧渔业总产值3.68亿元，城镇居民人均可支配收入19 700元，农村居民人均纯收入7 337元。

青河县是阿勒泰地区沙棘发展最早的县。沙棘相关收入是该县农民收入的重要来源之一，占到农民人均收入的30%以上。多年来，该县县委、县政府出台了多项沙棘种植优惠政策，进一步推动了农牧民种植沙棘的积极性。截至2021年，该县累计营造大果沙棘林地10余万亩，其中挂果面积达3万余亩，年产鲜果约4 000 t。落地加工企业5家，开发上市沙棘原汁、胶囊、茶叶等10余种产品并通过QS认证和有机产品认证。青河县域内分布有大量的蒙古野生沙棘种源，在新疆最为寒冷的阿勒泰地区，在极端气候中生长在清河县的沙棘最为出名。

1.3.1.2 试验材料

以青河县大果沙棘主栽品种深秋红为试材，育苗设备为微喷装置，所用插穗选择优株上两年生的带顶芽的萌生枝条，生根物质使用根宝3号原药，药剂选择50%多菌灵或百菌清可湿性粉剂、高锰酸钾。

1.3.1.3 试验方法

（1）试验设计

根据青河县的气候特点，将采穗时间设为6月5日、6月15日、7月10日、7月20日四个时间点；扦插基质设园土、沙土、园土：沙土＝1：1的混合基质、腐殖质土4种土质；扦插密度设株行距为3 cm×4 cm、4 cm×4 cm、5 cm×5 cm、6 cm×6 cm共4个处理。每处理扦插100株插穗3次重复。

（2）苗床制作

半木质化扦插育苗床分为3层。最下一层为排水层，用直径3～5 cm的卵石铺设，厚度10～15 cm；中间层为营养基质层，为腐殖土和细河沙的混合物，厚度10～15 cm；最上一层为扦插基质层，厚度10 cm左右，用细河沙混合。扦插基质铺设好后，用清水喷洗，扦插前用0.2%的高锰酸钾液进行基质消毒。

（3）插穗的采集和制备

在6月上旬到7月上旬的7：00—13.00，采集无病虫害、健壮的两年生的带顶芽梢的半木质化枝条作为插穗（分雌、雄株），根据枝条的生长情况，采集的枝条长度分为45～55 cm、35～40 cm、25～30 cm不等。插穗斜切，保持剪口平滑，摘去下部多余的叶片及侧芽，顶部留10片左右的叶。插穗采集后，每100株捆成一捆，并立即遮阴运回，放入浅水池中（或大盆中），防止穗条失水影响成活率。

（4）扦插

穗条带回室中进行修剪处理后，立即插入苗床或将修剪后的插穗在傍晚太阳落山之前进行集中扦插。扦插时根据不同试验处理方案分别进行。试验中，当某一因素为变量时，则其他因素均为生产中相关处理。试验中用生根粉，插穗速蘸即插。扦插深度为 5 cm 左右，扦插 0.5 h 左右后停止，喷水 15～20 min 后再扦插，以保持插穗的叶面湿润。

（5）插后管理

在扦插初期，插穗刚离开母体，插穗基部切口位置由于伤口吸收水分的能力很弱，而蒸腾强度很大，需通过相对频繁的间歇喷雾使叶片上保持一层水膜。喷水时间在 70s 左右，间歇时间 15 min 左右。在扦插 20～30 d 后，插穗基部普遍形成侧根，应逐渐减少喷水量，9 月下旬，即可开始进行控水炼苗。插条在生根前后对温湿度的要求不一样。插条在生根前，即 15 d 左右，湿度保持在 90% 以上，温度保持在 25～30℃。15 d 后，插条基本形成不定根，生根后，插条对温湿度的要求逐渐变小。期间湿度保持在 70%～80%，温度在 20～25℃。扦插结束后，用 500 倍液多菌灵或甲基托布津进行喷洒，以防止病菌污染。扦插两周后开始进行叶面喷肥，选择 0.3% 尿素和 0.2% 磷酸二氢钾的混合溶液进行喷洒，在生根前 4～5 d 喷施 1 次，生根后每周喷施 1 次。

1.3.1.4　试验测定

移栽前即扦插 70～90 d 后，将苗木挖出，用清水清理干净根部，统计生根株数，计算生根率。移栽后 10 d 计算成活率，计算平均根数、根长。

1.3.2　结果与分析

1.3.2.1　不同采穗时间对扦插效果的影响

在试验中分别采集了 6 月 5 日、6 月 15 日、7 月 10 日、7 月 20 日四个时间的沙棘插条。在青河县，沙棘枝条 6 月初开始进入木质化期，后期木质化程度逐渐增强，6 月中旬至 7 月下旬左右沙棘大多枝条处于半木质化时期，这段时间内进行采条扦插，插条生根率高、根系质量好，移栽后成活率也高。

从表 1-56 可以看出，不同时间采条插穗对扦插效果的影响显著不同。6 月 5 日和 7 月 20 日的生根率均在 90% 以下，6 月 15 日和 7 月 10 日的生根率均较高，分别为 95.33% 和 97.33%，且能获得较多根数和较长根长，生根数均能达到 7 条及以上，根长在 7.0 cm

以上，移栽后的成活率也较 6 月 5 日和 7 月 20 日的高。6 月 5 日，沙棘枝条还未进入木质化期，插穗过嫩，不但生根率低，且易产生腐烂现象，同时其内部贮存的营养物质含量少，难以满足插条在生根过程中的养分需求，生根慢，生根率低，成活率也不高；7月 20 日枝条木质化程度高，生根难，即使少量生根也易生长不良。此外，7 月 20 日进行扦插，在插穗生根后期气温下降，对生根也极为不利。6 月 15 日至 7 月 10 日的枝条正处于半木质化最佳时期，嫩枝中生长素含量及氮含量高，幼嫩的组织及旺盛的酶化反应对愈伤组织及生根都极为有利，且温度适宜，土温适宜，这段时间适宜对沙棘进行半木质化扦插工作。

表 1-56　不同采穗时间对沙棘扦插的影响

扦插时间	生根率/%				成活率/%				生根条数/条				生根长度/cm			
	I	II	III	平均	I	II	III	平均	I	II	III	平均	I	II	III	平均
6 月 5 日	87	82	88	85.67	81	79	78	79.30	4.9	5.5	5.3	5.23	5.26	5.57	5.64	5.49
6 月 15 日	93	97	96	95.33	93	94	92	93.00	7.6	7.2	7.1	7.30	6.78	7.13	7.08	6.97
7 月 10 日	97	99	96	97.33	95	98	92	95.00	7.3	7.9	7.6	7.60	7.82	7.22	7.03	7.36
7 月 20 日	89	87	84	86.67	84	80	78	80.67	5.6	5.4	5.2	5.40	5.78	5.45	6.23	5.82

1.3.2.2　不同扦插基质对扦插效果的影响

沙棘在扦插生根过程中需要充足的水分和养分供应，地下部分对氧气有着严格的要求，而通常情况下透气性和保水性呈负相关，因此，选择有良好保水性能和透气性的适宜扦插基质对扦插成功有着重要的影响。半木质化的苗木扦插：分别在园土、沙土、园土与沙土 1∶1 的混合土壤、腐殖质土作为扦插基质的情况下生长并进行实验，对生根率、成活率等进行统计。

从表 1-57 中可以看出，不同扦插基质处理对扦插效果的影响很大。用腐殖质作为基质的插穗生根率及成活率均为最高，且根系较为发达。沙土也有着很好的扦插效果。园土的扦插效果最差，生根率及成活率分别为 78.33%、72.67%，生根数仅为 2.8 条，远远低于其他基质。在沙棘半木质化插穗的扦插过程中，插穗生长对基质的通透性有着较高要求，园土土质较为紧密，通透性差，透水透气能力弱，不利于生根。沙土及腐殖质土疏松且有很好的透水透气性，有利于生根。但是腐殖质土的获得较难，成本也相对高一些，因此在能保证较高生根效果的前提下，建议使用来源广泛、成本低的河沙作为沙棘的扦插基质。

表 1-57　不同基质对沙棘嫩枝扦插的影响

基质类型	生根率/%				成活率/%				生根条数/条				生根长度/cm			
	Ⅰ	Ⅱ	Ⅲ	平均	Ⅰ	Ⅱ	Ⅲ	平均	Ⅰ	Ⅱ	Ⅲ	平均	Ⅰ	Ⅱ	Ⅲ	平均
园土	75	81	79	78.33	72	76	70	72.67	2.4	2.7	3.3	2.8	4.24	4.03	4.35	4.21
沙土	94	93	96	94.33	92	95	95	93.33	8.1	7.6	7.7	7.8	7.28	7.31	7.06	7.22
园土：沙土=1：1	89	83	85	85.67	79	81	84	81.33	4.5	5.2	4.7	4.8	5.89	5.86	6.23	5.99
腐殖质土	94	95	97	95.33	94	95	92	93.67	8.3	8.2	7.8	8.1	7.36	7.61	7.19	7.39

1.3.2.3　不同扦插密度对扦插效果的影响

合理密植对提高扦插的生根率有着重要作用。扦插的行间距过于稀疏，会造成土地的利用效率下降，喷灌后的水分也极易流入土壤中，造成土壤水分含量增加而叶片表面水分流失，不利于插条的生根。当扦插密度增大时，插条叶片之间相互连接，喷灌水可长期在叶片表面形成一层水膜，且能减慢地面水分的蒸发，有利于插条的生根。但当扦插过密时，会影响通风、透气，容易造成腐烂，用于插条生根的营养面积不足，易造成生根量多但根系细长的现象。本试验设定了不同的扦插密度，其结果见表 1-58。

从表 1-58 中可以看出，不同密度处理下，扦插的生根率、成活率及根系生长状况都有所不同。当扦插株数为 270 株/m^2 时，插穗间隙较大，在进行喷雾时，水分会流入基质中，叶片无法持续保持有水膜的状态，同时，基质中的含水量增加，影响基质的透气性，不利于插穗的生根。当试验密度为 800 株/m^2 时，扦插的行间距小，基部的营养供应少，上部叶片的营养面积也会减少，光合作用受限，有机物的积累减少，造成生根率较低。当试验密度为 400～600 株/m^2 时，插条的叶片几乎是相接的，喷水后叶片表面能保持持续水膜的状态，对插条生根极为有利，这种密度在保证扦插效果的前提下又很好地利用了土地资源，生产中可以推广利用。

表 1-58　不同密度对沙棘嫩枝扦插的影响

株行距/cm	密度/（株/m²）	生根率/%				成活率/%				根数/条	根长/cm	株高/cm	地径/cm
		Ⅰ	Ⅱ	Ⅲ	平均	Ⅰ	Ⅱ	Ⅲ	平均				
3×4	800	94	96	93	94.33	84	86	81	83.67	4.6	4.8	19.6	0.40
4×4	600	97	98	97	97.33	92	96	91	93.00	6.8	7.3	24.3	0.51
5×5	400	96	93	97	95.33	93	96	93	94.00	6.4	7.1	24.03	0.48
6×6	270	82	86	89	85.67	71	80	85	78.67	7.0	6.9	20.7	0.42

1.3.2.4　不同喷灌方式下不同插条长度对扦插效果的影响

本试验采用的两个因素完全为随机设计，试验在不同喷灌方式和不同插穗长度共同作用下的扦插效果。第一个因素 A 为插条长度，共设 25 cm（A_1）、35 cm（A_2）、45 cm（A_3）三个长度，第二个因素 B 为喷灌方式，共设间歇 3～5 min（B_1）、喷水 10 s，间歇 5～7 min、喷水 70～90 s（B_2），间歇 10 mim、喷水 30～40 s（B_3）三种不同喷灌方式。其结果见表 1-59。

由表 1-59 的试验结果可以看出，不同处理组合作用下的生根率、移栽成活率等都有差异。生根率最高的处理组合为 A_3B_2，生根率为 94.33%，其次为 A_2B_2 组合，生根率为 93.00%。再比较两者的移栽成活率可以看出，A_3B_2 组合的成活率更高一些，其生根量比 A_2B_2 少，但根长度大于 A_2B_2。在插条长度一致的情况下，可以看出 B_2 的生根率最大，B_1 次之，B_3 最小。在喷灌方式相同时，插条为 25 cm 和 35 cm 的生根率相差不大，但 35 cm 插条的成活率稍高于长度为 25 cm 的。将试验结果进行方差分析，结果显示，插条的长度、喷灌方式以及插条长度与喷灌方式共同作用对生根率均有显著性影响。进一步进行多重比较可以看出，插条长度为 35 cm 及以上时，生根率显著高于 25 cm 的生根率；而这几种不同喷灌方式下的生根率差异显著，B_2 为最佳喷灌方式。综合分析，插条长度为 35～45 cm 时扦插效果最好，喷灌方式为 B_2 时成活率最高。

表 1-59　不同喷灌方式和插条长度对扦插效果的影响

插条长度/cm	喷灌方式	生根率/%				成活率/%				根数/条	根长/cm
		I	II	III	平均	I	II	III	平均		
A₁	B₁	71	75	72	72.67	71	73	70	71.33	4.8	4.7
A₁	B₂	89	79	85	84.33	82	79	84	81.67	6.2	5.4
A₁	B₃	55	60	68	61.00	54	58	58	56.67	4.1	6.2
A₂	B₁	86	82	76	81.33	83	81	72	78.67	7.1	6.1
A₂	B₂	96	94	89	93.00	96	92	89	92.33	8.4	7.3
A₂	B₃	69	72	78	73.00	66	70	75	70.33	6.4	7.9
A₃	B₁	85	81	79	81.67	85	81	76	80.67	6.3	6.7
A₃	B₂	96	95	92	94.33	94	95	91	93.33	7.2	7.9
A₃	B₃	72	79	87	79.33	72	76	87	78.33	5.6	8.4

图 1-55 展现了沙棘半木质化扦插的过程。

（a）扦插前处理　　　　　　　　　（b）、（c）、（d）扦插后生长情况

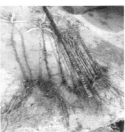

（e）、（f）、（g）秋季起苗分级窖存　　　　（h）移入大田后第二年生长情况

图 1-55　沙棘半木质化扦插

1.4　沙棘硬枝扦插快繁技术

沙棘硬枝扦插以采自 2～3 年生枝条的基部较好，直径＞0.8 cm、长 10～15 cm。同时，沙棘插穗（硬枝）为皮部生根类型，根原基起源于木射线薄壁细胞、形成层和韧皮部薄壁细胞，虽说生根容易，但对环境条件反应极为敏感。因此，除生长素外，扦插基质的特性以及水分、温度等均可影响插穗的生根与成活。苏联的研究表明，沙棘多数品种的插条生根的最佳条件是：气温 20～30℃，基质的温度比气温高 1～3℃；在插条叶面有固定水膜的情况下，空气相对湿度为 90%～100%，基质湿度为干土重的 20%～25%；光照时长为外界光照时长的 60%～90%。国内研究结果表明，扦插基质以河沙、锯末、沙棘林下土比例为 10∶3∶1 或 10∶7∶0 较好。

扦插育苗的主要技术环节包括采集插穗、插穗处理、苗圃整地和扦插等。

1）采集插穗：嫩枝扦插在生长季进行，随采随插。对于硬枝扦插，在早春树液未流动时采集插穗最好，这时枝条中水分多，易成活。从选好的雌、雄株上，剪取中上部 1～2 年生光滑少刺、生长健壮、粗 0.6～1.2 cm 的枝条。采条时，要把雌雄枝条分开放置，防止混乱。将采下的枝条修枝、打捆、挂牌后放在阴凉处，用湿麻袋盖好备用。存放期间，要经常使麻袋保持湿润。育苗时把枝条剪成长 15～20 cm 的插穗，下端剪成马耳形，上端剪成圆面，在剪口下要保留一个饱满芽。插穗切面要半滑，合则会引起腐烂死亡。

2）插穗处理：把剪好的插穗整理好，每 50 根 1 捆，做好雌雄标记，在清水中浸泡（浸没长度 1/3～1/2）48 h 后，再进行倒置催根，如用 0.01% 吲哚丁酸溶液或 0.02% 吲哚乙酸溶液浸蘸，更有利于发根。催根时，应在背风向阳处挖深 30 cm 的土坑，坑底铺沙10 cm，将捆好的插穗倒置于沙上，捆间用沙充实，上边覆沙 5 cm，沙子含水量约 60%；再用塑料薄膜覆盖，四周用土压紧，放置 20 d 左右，待普遍长出幼根即可。

3）苗圃整地：选择有灌溉条件、交通方便、距造林地较近的肥沃壤土地作为苗圃地，先施足农家肥，有条件时还可施入腐熟羊粪和锯末，然后作畦，畦宽 2 m、长 10～15 m，布设好灌溉渠道，渠垄宽 25～30 cm、高 10～15 cm。有条件的最好从沙棘林中采集一些沙棘菌土，施入苗圃地结合作垄。

4）扦插：把处理过的插穗，按种类、雌雄、粗细分类后，垂直插入畦内，插穗上端露1个芽。扦插行距25～30 cm、株距10～15 cm，每公顷插22.5万～30万株。插穗周围要压紧踩实，然后立即灌水。为了提高地温，最好用塑料薄膜覆盖。当新枝长出8 cm时，保留一个健壮的新枝，其余全部清除。苗圃要及时松土、除草、适时灌水，并注意防止土壤板结，及时预防病虫害。

硬枝扦插是沙棘快速繁育的一种常用方法，它既能够完全保持母株的优良性状，获得知其雌雄性别的苗木，管理容易，又能快速提供优良沙棘品种的苗木，是一种很好的育苗方法。为了便于应用和推广，结合当地实际情况，我们对沙棘硬枝扦插中的枝条年龄、枝条部位、插穗长度、扦插基质和外源激素处理等进行了探索，揭示了沙棘繁育生长发育的动态规律，解决了实施细则中的关键技术问题，为实现沙棘苗木规模化生产、规范化种植及栽培标准的制定提供了科学依据。沙棘的硬枝扦插时间正值农闲时期，用工便宜，管理成本低，且苗木生长量大，当年苗的生长量相当于半木质化扦插两年苗，高度可达40～60 cm，成枝分枝多，根系发达，提前成树，第二年挂果，在造林中使用成活率高。

1.4.1 材料与方法

1.4.1.1 试验材料

试验地设在阿勒泰地区的青河县，极端最低气温达-38℃，年平均降水量很小。试验材料采自青河县国家级大果沙棘良种繁育基地，供试品种为深秋红。

1.4.1.2 插条准备

插条应在树木的休眠期采集，如秋、冬和早春，秋末冬初的枝条营养积累多，扦插时易生根，可结合冬剪收集插条。根据试验设置，在生长健壮、无病虫害、高产、抗病性强、已充分木质化的母树上截取插条，取粗壮的1～3年生的生长枝，粗度应在0.8 cm左右，按适当长度剪取20～30 cm，斜剪成光滑斜面，上端距最上芽2 cm处平剪。按不同的枝龄段（1年生、2年生、3年生）将插条每50株尾部对齐捆好，沙埋或窖藏，窖内温度保持0～3℃，空气湿度70%以上。以上方法是秋季采穗时所用，如在春季扦插，同样是在树木休眠、地温上升时进行。

1.4.1.3 插穗处理

地温达到5℃时即可扦插，扦插前用清水流水浸泡24 h以上，按照实验方案用不同激素进行处理，把处理好的插条用清水冲洗干净，立即扦插。春季扦插直接取 2～3 年生的健康良种树上的枝条，采下后依据试验方案将插条截取成相应的插穗，用根宝原液直接快速蘸完立即插入地里。

1.4.1.4　整地做床

在温室内，苗床规格一般为长 8 m、宽 6 m，苗床基质分别采用河沙腐熟肥、珍珠岩、圃地土、炭灰等。做好床后，进行消毒处理，待插。

1.4.1.5　扦插方法

为防治病虫害，扦插前要用硫酸亚铁、高锰酸钾进行土壤消毒。试验设计中将插穗基部均垂直插入基质，扦插深度为 5 cm，株行距为 5 cm×10 cm，扦插深度为插穗的 1/3 以上，露地扦插要深一些，塑料大棚扦插浅一些。扦插时间根据不同地区的气候条件来决定，从 3 月 20 日前后开始，到 4 月中旬为止，每垄 100 株，一垄一个处理，3 次重复，到 6 月中旬撤棚。露天扦插每处理 100 株，均重复 3 次。试验期间塑料大棚内温度在 26℃左右，湿度在 55% 左右。

1.4.1.6　插后管理

光和水的控制：硬枝扦插苗的培育最好在塑料大棚内或温床上进行，裸地扦插相对而言也可以。扦插后立即灌水，每日喷水 2 次以保持湿度（早晚各 1 次）。在扦插前 3 周，土壤含水量控制在 25%～30%，插条上部叶芽开始生长便减少灌水量，9 月初开始控水。

温度和湿度控制：当插条萌发长叶、大致 5 月中旬时揭去遮阴棚。吐芽期的温度最好在 15～22℃，空气湿度在 80% 以上，生根期的温度最好在 18～22℃，气温不高于 26℃，空气湿度以 65%～80% 为宜。

叶面施肥：揭去棚膜后，适量喷施 1～2 次叶面肥，当年株高可达 70～100 cm，可实现当年出圃。

除草松土：有杂草即除，要常松土，深度为 3～5 cm。

移植及培育：秋季用落叶或炭灰覆盖，同时放置鼠药，并注意观察病虫害情况。根据初植株行距和生长量的不同，来年春季进行间苗和移植。

1.4.2 结果与分析

1.4.2.1 外源激素对沙棘硬枝扦插的影响

外源激素是人工合成的一类与植物激素具有相似生理和生物学效应的有机化合物。外源激素处理是促进难生根树种插穗生根的重要技术手段，对许多易生根树种的插穗有促进愈伤组织增殖的作用，尤其是可促进插穗诱生根原基的形成，对根原基形成的速度和数量都有明显提高。常见的生根激素有吲哚乙酸、引哚丁酸、吲哚丙酸、萘乙酸和生根粉等。学者普遍认为生根剂种类、处理浓度、处理时间对生根的影响因不同树种而不同，外源激素对沙棘插穗生根效果影响显著。本实验在前人的基础上，选取 IAA、IBA 和根宝为实验激素，研究在不同激素、不同浓度和处理时间下对沙棘硬枝扦插的影响，确定沙棘硬枝扦插适宜激素。每处理 100 株，3 次重复。其结果见表 1-60。

表 1-60　激素对硬枝扦插生根的影响

激素种类	激素浓度/（mg/L）	处理时间	生根天数/d	生根率/%				生根条数/条				生根长度/cm			
				I	II	III	平均	I	II	III	平均	I	II	III	平均
IAA	100	6 h	10	83	87	86	85.33	5.6	4.4	4.9	4.97	3.36	3.92	3.67	3.65
	200	6 h	10	82	86	79	82.33	5.9	4.7	5.2	5.27	4.63	4.24	3.97	4.28
NAA	100	6 h	11	81	83	71	78.33	3.6	4.6	5.3	4.50	5.54	6.23	5.34	5.70
	200	6 h	11	71	62	79	70.67	5.2	5.7	4.2	5.03	5.24	4.98	4.62	4.95
根宝	原液	速蘸	10	88	94	90	90.67	6.1	5.9	6.2	6.10	5.63	5.28	4.97	5.29
CK			10	52	59	64	58.33	2.9	3.7	3.5	3.36	3.02	3.23	4.28	3.51

用浓度为 100 mg/L 的 IAA 处理，浸泡 6 h 生根率达 85.33%，比未处理的高出 27%；用浓度 200 mg/L 的 IAA 处理 6 h，生根率为 82.33%，高于对照 24 个百分点。用浓度为 100 mg/L 的 NAA 处理，生根率为 78.33%，高出对照 20%，生根长度最长；用浓度为 200 mg/L 的 NAA 处理，生根率为 70.67%，高出对照 12.34 个百分点；根宝原液处理的生根率为 90.67%，高出对照 32.34 个百分点，其生根率、生根数均高，生根长度较长，从节省成本和时间考虑，根宝为沙棘最适宜的扦插生根激素。

1.4.2.2　插穗年龄及采条部位对扦插生根的影响

一般来说，扦插繁殖中的年龄效应是受多种因素制约的，与插穗本身的遗传性、植物体内的激素水平和营养状况等均有密切关系。插穗生根能力随母树年龄的增加而降低。由于不同母枝的着生位置不同，其营养状况、阶段年龄有所不同，从而对扦插生根有一定的影响。学者普遍认为，扦插插穗年龄、枝条部位对生根和根的生长情况影响显著。插穗 2～3 年枝条容易成活，一般着生在主干基部的萌条比树干上部的枝条幼嫩，其生根力强，树冠阳面的枝条比阴面的枝条生根力强，同一枝条中下部粗壮，木质化程度高，生根能力比上部强。本实验对沙棘穗条年龄及不同的采条部位用根宝原液蘸根处理后扦插，每种处理 100 株，3 次重复，结果见表 1-61。

表 1-61　不同采条部位及插穗年龄对插穗硬枝扦插生根的影响

树冠部位	生根天数/d	生根率/%				生根条数/条				生根长度/cm			
		I	II	III	平均	I	II	III	平均	I	II	III	平均
上部	29	29	23	19	23.67	3.6	3.2	3.9	3.57	3.12	4.07	3.03	3.41
	17	52	51	57	53.33	3.9	4.1	4.5	4.17	3.73	3.98	4.53	4.08
	14	58	61	59	59.33	4.3	4.7	4.6	4.53	4.35	4.52	4.29	4.39
中部	29	24	19	16	19.67	2.1	1.9	3.1	2.36	2.98	3.01	3.12	3.04
	20	66	52	55	57.67	2.6	3.5	3.9	3.33	3.96	4.21	3.74	3.97
	15	71	79	72	74.00	3.8	3.5	4.9	4.07	5.29	5.14	5.36	5.26
下部	29	11	13	7	10.33	2.4	1.8	2.2	2.13	1.98	1.62	1.94	1.85
	19	79	82	89	83.33	5.6	4.7	4.9	5.07	5.36	4.54	4.86	4.92
	15	90	92	89	90.33	5.9	6.1	6.4	6.13	5.78	4.98	5.15	5.30

由表 1-61 可以看出，1 年生插穗与 2～3 年生插穗的生根率差异极显著。1 年生插穗生根率相对较低，仅为 10.33%，生根条数、生根长度均较低。2～3 年生枝条生根率相对较高。下部 3 年生枝条生根率达 90.33%，生出的根粗壮，根数最多，长度最长。下部 2～3 年生插穗的生根率高于中上部。经分析，可采用沙棘下部 2～3 年生枝条作为插穗。

1.4.2.3 基质对扦插生根的影响

扦插基质也称为生根基质。一般对于易生根的树种来说，任何扦插基质都可以成功，而对生根比较困难的树种，则受扦插基质的影响很大，基质中的水分、温度、养分含量不仅会影响插穗生根率，同时也影响生根数量与质量。理想的基质应具备无病菌感染的稳定条件，可以起到调节水肥气热、增强生根成活后生长势的作用，一般来说，土壤、珍珠岩、河沙等都可以用来做基质材料。本实验分析了河沙、珍珠岩、圃地土等不同扦插基质对沙棘硬枝扦插生根的影响。用根宝原液蘸根处理后扦插，每种处理 100 株，3次重复，结果见表 1-62。

表 1-62　不同扦插基质对沙棘硬枝扦插生根的影响

基质	生根天数/d	生根率/%				生根条数/条				生根长度/cm			
		Ⅰ	Ⅱ	Ⅲ	平均	Ⅰ	Ⅱ	Ⅲ	平均	Ⅰ	Ⅱ	Ⅲ	平均
河沙∶腐熟肥 2∶1	12	89	87	93	89.67	6	6.2	5.6	5.93	5.1	4.9	5.6	5.20
珍珠岩∶圃地土 1∶2	10	62	69	54	61.67	3.9	3.2	3.5	3.53	5.7	5.4	6	5.70
炭灰∶圃地土 1∶2	10	58	61	56	58.33	2.6	3.1	2.9	2.87	3.6	4.9	4.2	4.23
对照（圃地土）	10	49	47	42	46.00	2.1	2.7	2.4	2.43	4.1	3.9	4.5	4.17

不同扦插基质中所含有的营养物质不同，对插穗生根过程中所需营养的供给也不同，影响着插穗生根效果的好坏。由表 1-62 可以看出，扦插在河沙、腐熟肥基质中的插穗生根率最高，生根多，粗壮，生根长度较长。扦插在珍珠岩、圃地土基质中的插穗生根长度最长，这可能与珍珠岩透气性强有关，但总体生根率和生根数低于河沙、腐熟肥。综合分析认为，沙棘硬枝扦插的适宜基质为：河沙∶腐熟肥 2∶1。

1.4.2.4 扦插环境对扦插生根的影响

硬枝扦插易受时间限制、气候不确定性等因素的影响。温度、水分等外部环境直接影响插穗的碳水化合物的代谢变化、内源激素含量变化和酶活性变化等，是扦插能否成功的关键因素。大田环境与塑料大棚环境下，温度和湿度的差异性较大，因此，本试验以根宝原液蘸根处理后，扦插到河沙∶腐熟肥 2∶1 的基质中，将沙棘硬枝扦插分在两个不同的环境中进行。扦插环境对硬枝扦插生根的影响结果见表 1-63。

表 1-63　扦插环境对硬枝扦插生根的影响

基质	生根天数/d	生根率/%				生根条数/条				生根长度/cm			
		I	II	III	平均	I	II	III	平均	I	II	III	平均
大棚内	10	91	92	89	90.67	5.9	5.7	6.3	5.97	5.71	5.26	4.98	5.32
大棚外	28	86	79	85	83.33	5.4	6.1	5.9	5.80	5.4	5.23	5.16	5.26

由表 1-63 可以看出，在大棚外的大田环境中，插穗生根天数为 28 d，比在塑料大棚内的生根天数多了 18 d，两者在生根率、生根条数和生根长度上差异较小。本试验结果表明，大棚内外的扦插效果差异较小，因此，冬末初春，可在大棚内进行硬枝扦插，天气转暖后，可直接在大田进行硬枝扦插，再配合有效的管理措施，均可获得较高的沙棘幼苗成活率，见图 1-56、图 1-57。

（a）、（b）硬枝扦插初期　　　　　　　（c）、（d）扦插后生长情况

（e）扦插后生长情况　　　　　（f）、（g）秋季起苗分级窖存　　　　（h）第二年移入大田生长情况

图 1-56　沙棘大棚内的硬枝扦插

（a）室外搭建遮阳小棚　　　（b）扦插后生长情况　　　（c）、（d）大田扦插根系生长情况

图 1-57　沙棘大棚外的硬枝扦插

1.4.3　沙棘硬枝扦插技术小结

1）实验表明，根宝蘸根处理生根率可达 90%以上，该方式成本低，操作简便，用时短，节省成本，且有很高的生根成活率，可为实际生产提高利润。

2）采用 2～3 年生枝条扦插成活率高，插穗形成愈伤组织、生根数、生根长度均较好，生根率可达 90%以上。

3）插穗长度以 15～20 cm 为宜。

4）扦插圃地土壤要求：保水和透气性好的壤土或沙壤土，肥力较高。

5）扦插地点可选择保护地和露天，露天要求覆膜。

6）灌溉管理，采用滴灌，灌溉要求见干见湿。

1.5　三种苗木繁育技术的优缺点及效益评估

沙棘的适应性很强，林木繁育的常规方法都可以采用，但在保证品质前提下的规模化生产只能选择特定的繁殖方法进行育苗。有性繁殖通常指的是种子繁殖，一般在杂交育种时应用。生产上由于采种困难，种子的异质性大，产生的苗木变异大、苗木雌雄株比例不能控制，苗木不能保持原有母本稳定的优良性状，且雄株所占比例较大，影响结实，不易丰产，因此，种子繁殖苗木的方式不适宜在生产上使用。为了完全保持原有亲本稳定的优良性状，生产上通常采用无性繁殖，即硬枝扦插、半木质化扦插和组织培养三种繁育技术。

1.5.1　三种无性繁育苗木的技术优点

硬枝扦插育苗：沙棘硬枝扦插繁育技术是沙棘育苗中应用最多、最广的繁殖技术，能够保持亲本的优良性状。硬枝扦插育苗时间短，生根率较高，对扦插条件要求不严格，直接进行露地扦插也可成活，苗木当年可以出圃，生产周期短，管理成本低，技术要求不高，成枝率高，不容易发生徒长，造林成林快，栽培后易于丰产，挂果早。幼苗根系粗壮，生长势和抗逆性强，同时可节约育苗费用。硬枝扦插属无性繁殖中比较好的一种方法。

半木质化插穗扦插育苗：作为一种无性繁殖方法，半木质化扦插能保持品种的优良特点，且扦插材料来源广泛、育苗时间长（6—8月都可繁殖）。半木质化枝条的形成层细胞具有很强的分裂能力，受品种、类型、枝条的年龄、采条时间、基质等因素的影响，扦插后可很快形成根原基，进一步分化成不定根，成活率高，可以繁殖大量品种纯正的优质苗木，苗木造林后开花结果早。

沙棘组培繁殖育苗：沙棘组织培养主要是利用沙棘的枝条、茎尖、种子等器官，或是胚乳、细胞等组织，在无菌条件下进行培养。我国早在20世纪70年代就开始对沙棘进行组织培养研究，而且在沙棘多个器官为外植体的组培试验上均获得了初步成功，其中主要包括根瘤、茎段、幼茎、根尖和茎尖等。除此之外，我国研究人员还发现了对沙棘进行组织培养的最佳时间——5月末至6月初：一是繁殖速度快，繁殖系数大，对优良母树取材用量少，不损伤原材料。二是培育出的后代整齐一致，能够保持原有品种的优良特性，对保质、保纯有着特殊作用。可获得大量统一规格、高质量的沙棘苗木，苗木商品性好。三是可获得脱毒苗木，提高抗逆能力。四是可进行周年工厂化生产。能够通过人工去控制培养条件，不受天气、季节等难控因素的限制。在确定沙棘品种合适的培养基后可进行全年连续生产，生产效率高。五是可进一步培育新品种。通过深入的沙棘花培和单倍体育种、离体培养和杂种植株获得、体细胞诱变和突变体筛选、细胞融合和杂种植株的获得等方式进行新品种选育、改良母树育种价值和选择优良基因型的育种。六是可以进行沙棘野生品种、濒危沙棘品种、良种的种质资源保存，还可进一步用于人工种子和次生物质工业化生产。

1.5.2 三种无性繁育苗木的技术缺点

硬枝扦插育苗：一是很容易受到亲本材料数量的限制，不能快速大量生产。扦插前提是要有截取插穗的优良母树或采穗圃。二是很容易受到母本材料树龄的限制，因为随着沙棘树体年龄的增长，沙棘自身的枝条细胞所包含的营养成分逐年下降，而且分泌出的激素抑制会使得扦插枝条生根率较低，很容易感染病害，成活率会有所降低。

半木质化插穗扦插育苗：扦插要求至少 2～3 年生以上的枝条，一枝只能繁殖出一株。对于品种优良的母株需求量多。插后对温湿度等条件要求高，技术含量要求较高，管理难度较大，对季节、穗条的等要求严格。

沙棘组培繁殖育苗：外植体的选择比较单一，沙棘愈伤组织继代增殖过程中褐化、玻璃化现象严重，各品种对于适宜培养基存在差异，这些都制约着沙棘组织培养的工厂化生产。组织培养繁殖技术需要在无菌条件下进行，相比于扦插、嫁接育苗，需要具备的条件更高，对操作环境要求更严格，且在短期内只是培育出了植株的幼苗，到成苗还需要很长一段时间。另外，在成本上也需要更多的投入，广泛普及组织培养技术存在诸多困难，现阶段对于沙棘组织培养技术依旧处于试验阶段，尚未真正投入到实际生产中去。

1.5.3 三种繁育方法的成本核算

1.5.3.1 数据采集

沙棘组培苗：在培养全流程——培养基的配制→培养基的分装→高压蒸汽消毒→无菌的接、转、接→无菌苗的培养→炼苗→移栽→苗木可出圃，统计每一环节的所有费用（注：以 50 万株沙棘组培苗的生产计算成本）。

沙棘半木质化插穗扦插和硬枝插穗扦插育苗：从穗条的获取一直到苗木可出圃，统计每一环节的所有费用（注：半木质化插穗扦插以 40 万株、硬枝插穗扦插以 26 万株育苗的生产计算成本）。

1.5.3.2 沙棘硬枝扦插育苗成本

由表 1-64 可知，硬枝扦插育苗从采穗条开始到苗木可出圃所需要的成本合计为 0.381 5 元/株。

表 1-64　硬枝扦插育苗费用表　　　　　　　　　　　单位：元/株

平整土地	地膜费	扦插费	起苗费	水电费	管理费	药剂费	不可预见费	合计
0.002 65	0.000 16	0.10	0.10	0.013 7	0.123 5	0.006 264	0.035 29	0.381 5

注：①1 m² 扦插 400 株沙棘穗条，成活率以 85% 计，每亩出苗 26.667 8 万株。

②扦插费包括穗条的采集、修剪和扦插。

1.5.3.3　沙棘半木质化扦插育苗成本

插穗采自青河县沙棘良种基地采穗圃深秋红当年生枝条。插穗长度 35～40 cm，由表 1-65 可知，半木质化插穗扦插育苗从采穗条开始到温室苗木可出圃所需要的成本合计为 0.411 5 元/株。

表 1-65　半木质化扦插育苗费用表　　　　　　　　　单位：元/株

苗床	穗条	扦插	起苗	水电费	管理费用	药剂	折旧费	不可预见费	合计
0.014 47	0.18	0.02	0.10	0.012 32	0.047 37	0.001 895	0.019 7	0.015 79	0.411 5

注：①1 m² 扦插 600 株沙棘穗条，成活率以 95% 计，每亩出苗 38 万株。

②起苗费包括苗木的采挖、假植和装车费。

③采用自动化喷雾装置定期喷水，无水资源费的每天 5～8 元/亩，有水资源费的 20～30 元/亩。

④管理费包括抹芽、锄草、病虫害的防治及人工工资等开支。

1.5.3.4　沙棘组培苗生产成本（不同实验室的核算成本略有不同）

（1）瓶苗生产——截止到炼苗成活的成本

以新棘 4 号为例：初代增殖系数为 3.41，继代平均增殖系数为 4.255（茎尖 1.86，茎段 3.76，愈伤 5.28，叶片 6.12），生根率 91.1%，移栽成活率 96%。

表 1-66　沙棘瓶苗主要费用一览表　　　　　　　　　单位：元/瓶

化学试剂	激素	糖	琼脂	水电费	酒精	工人工资	折旧费
0.008 098	0.003 44	0.033 6	0.091 2	0.403 04	0.055 0	0.369 1	0.380 8

合计：1.344 3 元/瓶

注：①工厂化育苗过程中容易受不确定因素的影响，加之机械化程度不高的限制，这都增加了组培苗的成本。随着生产强度的增加、使用设备的完善，组培快繁育苗成本会进一步下降。

②使用琼脂条或卡拉胶、白砂糖、自来水、国产激素等代替分析纯琼脂、蔗糖、蒸馏水、进口激素也可降低一定成本。

③减少人员的使用（如减少清洗器皿、浇水等的人员）也可降低成本。

（2）组培苗炼苗成活后移栽——截止到出圃阶段的费用

表 1-67　组培苗炼苗成活后移栽费用　　　　　　　　单位：元/株

育苗容器	基质	人工费用	合计
0.008 75	0.096 25	0.037 5	0.142 5

注：①移栽至营养钵中，每个营养钵栽 2 株。

②基质采用草炭土和珍珠岩。

表 1-68　移栽至温室费用　　　　　　　　单位：元/株

苗床	供水	人工费用	肥料	合计
0.013 75	0.008 55	0.042 5	0.000 1	0.064 9

注：人工费用包括移栽、起苗和管理三个方面。

由表 1-66～表 1-68 可知，一株沙棘组培苗从培养基配置开始到温室出圃所需要的成本合计为 0.51 元/株。

1.5.3.5　三种快繁方式育苗经济效益比较

经测算，硬枝扦插投产比为 1∶3.931 8，在三种育苗方式中最高，生产 50 万株沙棘苗，其经济效益最好。

1.5.4　三种苗木繁育技术的优缺点及效益评估小结

1）经核算，硬枝扦插育苗从采穗条开始到苗木可出圃所需要的成本合计为 0.381 5 元/株。

2）半木质化插穗扦插育苗从采穗条开始到温室苗木可出圃所需要的成本合计为 0.411 5 元/株。半木质化扦插育苗与硬枝扦插育苗相比，成本仅相差 0.03 元，半木质化扦插材料来源广泛，6—7 月均可进行育苗繁殖，弥补了硬枝扦插的不足。

3）1 株沙棘组培苗从培养基配置到温室出圃所需要的成本合计为 0.51 元/株。组培快繁育苗成本高出硬枝扦插 0.128 5 元，但组培快繁育苗有诸多优点：培育出的后代整齐一致，能够保持原有品种的优良特性，对保质、保纯有着特殊作用；扩繁一个新品种，不需多少材料就可满足大规模生产的要求。

4）三种快繁方式育苗，其经济效益由高到低排序为组培快繁＞半木质化扦插＞硬枝扦插。在实际生产中，由于半木质化扦插材料来源广泛，育苗成本相对较低，在沙棘育苗中应广泛推广应用。在没有组培和保护地等设施条件下，硬枝扦插也是可行的。

1.6 沙棘优良品种快繁技术结论

本章总结出了一套沙棘诱导、增殖、生根、炼苗、移栽、嫩枝扦插、硬枝扦插等关键技术，分析比较了影响规模生产的关键因素；确定了沙棘基本培养基及激素种类和配比、移栽基质的最佳组合，优化了规模化生产技术流程，为生产应用提供了理论依据和技术保障。我们在其中取得的关键技术和突破性创新成果如下：

1）创建了沙棘 5 个良种和 3 个品种组织培养的快速繁殖技术体系，初代无菌苗获得率达 95%以上，继代增殖倍数为 2～3 倍，生根率达 90%以上，移栽成活率达 90%以上。

2）首次建立了沙棘叶片快繁体系，形成了一项发明。

3）首次创建了沙棘瓶外生根技术，各品种生根率均达到 85%以上，移栽成活率达 90%以上，形成了一项发明。

4）优化了沙棘组培苗规模化生产的技术流程，建立了规模化生产优化方案和工艺流程，为生产应用提供了理论依据和技术保障，形成了一项发明。

优化了外植体的诱导、继代苗的增殖、无菌苗的生根、移栽驯化等整个沙棘组织培养技术的各个环节，同时研究分析了半木质化扦插、硬枝扦插育苗过程中影响扦插育苗成苗的各个因子，筛选出了适宜的扦插条件，建立了完整的沙棘育苗快繁体系，为大果沙棘实现规模化生产提供了理论依据。

5）我们以沙棘为主树种，开展了沙棘组织培养技术研究和沙棘规模化生产技术流程优化，与国内外同类技术相比，具有显著的先进性和创新性，达到国际同类领先水平。不同沙棘品种的离体培养存在较大差异，当前国内外均处于实验室阶段，未形成规模化生产。我们确定了沙棘优良品种的快繁体系，确定了工厂化育苗模式。

第 2 章

优良品种（深秋红）的栽培技术

2.1　整形修剪技术

2.1.1　沙棘冠型

　　沙棘是一种强喜光树种，随着树龄的增长，自然整枝现象十分严重，许多枝条包括一些骨干枝也会发生干枯。当植株高度达到 2.5～3 m 时，摘果极为困难，往往需要折断树条采摘果实。枯枝、折断的枝条往往阻碍果实采摘和抚育工作，同时，还会影响生长量，尤其在干旱年份，沙棘年生长量明显减弱。这迫使种植者必须定期对沙棘植株进行整形修剪。我们之前的实验表明，沙棘生长规律为：1～3 年属营养生长期；沙棘植株的树木成熟年龄为第 4～5 年，第 3～4 年开始结果，但结果量不大，第 5 年进入旺果期。由于土壤条件和管理水平不同，进入衰退期的时间也不一样，一般树龄 15 年后进入衰退期，树冠中部枝条开始枯死，秃裸现象加重，有效结实层逐渐减少，树干上萌蘖徒长枝发生。

　　调查发现，沙棘的冠型结构与植株生长结实有很大的相关性，沙棘的种类和品种不同，自然形成的冠型也不同。通常沙棘的冠型主要有 3 种：

　　1）丛状灌木型：骨干枝自由排列，无层间，大枝少时冠内光照条件好，内膛枝枯死速度递减率小，有效冠积大，结实量高。当骨干枝过多时易郁闭，结果部位聚于外围，产量不高。减少骨干枝数目可有效改善光照条件，增加结实量。

　　2）紧密圆锥型：骨干枝直立向上，生长性极强，枝条密集，树冠高大，光照不良，小枝枯死率高，较低的结果部位光秃裸露而无产量；随着树龄增加，骨干枝光秃带逐年加大，有效结实层减小，剪枝、采果及防治病虫害都很不方便。

　　3）开放半圆型：树冠不高，骨干枝斜生，疏散排列，通风透光条件好，结果部位外移速度慢，有效结实层间大，为沙棘的丰产树形。

2.1.2　沙棘整形

　　沙棘的整形修剪通常在种植的前 4 年进行，之后整形修剪和果实采收相结合，在完成果实采收的同时，完成整形修剪。沙棘的整形修剪通常在自然冠型的基础上进行，不做过多的拉枝整形。沙棘经修剪整形后，标准的树体结构应达到以下要求：一是低干矮冠，干高 40～50 cm，冠高以 2 m 以下为宜。低干有助于树冠的生长，早丰产；矮冠能增加抗风力，而且采收及管理较为方便。二是层间距一般保持在 0.2～0.5 m。三是壮树结果枝和营养枝的比例在一般情况下以 1∶2 或 1∶3 为宜。整形修剪后要求达到的目的：树体饱满、受光面积大，且树体通风透光，上下、内外结实均匀。沙棘园的主要整形修剪手段包括疏剪、短截和摘心等。

1）疏剪：疏除过多骨干枝时，应逐年疏除，以免影响树势。壮树疏枝可去直立枝，留平枝；而对弱树则去弱枝留强枝。对枝条密集的树，应多疏少留；对枝量较少的枝则多留少疏。

2）短截：剪去一年生枝梢的一部分，促进抽枝，改善树势，抑制徒长，提早结实。

3）摘心：将新梢的嫩顶梢除掉，抑制生长，积累养分，促进分枝，提高坐果率。

对于沙棘自然形成的丛状灌木型、紧密圆锥型、开放半圆型 3 种冠型也可改造成中央主干型和开心型。

1）改良中央主干型：为了促进中央主枝生长，侧枝的活力需要被降低。移植后，树体向上生长大约 60 cm，产生几条垂直向上、与体干夹角很小的枝条，在第一个生长季，最上部的枝条成为中央主干枝。在第二年末，地面之上 30 cm 高度以内的新枝条要被疏剪，来维持中央主干枝的主导地位，所有枝条需要进行短截，疏剪也是必要的。为了控制树体在确定的高度（2～2.5 m），中央主枝在 4 年后需要进行短截。

对于这一方法，有以下几点需要认真考虑：一是将"50%原则"用于中央主干，保留侧枝直径不应大于主干直径的 50%；二是疏剪过密的老枝条，提高透光度，更新树体，即使在树干直径小于主干直径的 50%时；三是"50%原则"对于主枝来说，同样不能保留任何大于其直径 50%的侧枝；四是疏剪下部短枝，短截细弱的下垂枝；五是短截侧枝，使健康的枝条围绕树干，树体紧凑定型；六是只有当树体处于收获阶段（盛果期）时，才需要限制树体高度，确保顶部活力降低，而下部树体延展、开阔，充满活力，以利于较多的花芽。

2）改良开心型：树体被培育为多枝干系统，许多枝条从主干向四面八方扩展，形成一个杯状树冠。第 2 年末，地表之上 30 cm 以内的新发侧枝全部应被疏剪，去掉潜在的中央主干枝，短截、疏剪枝条，以形成所需高度（2 m 以内）。每年都要进行修剪，防止树体变老。结果带逐步向上、向外转移，树体逐渐呈伞状。在这一树型中，树体可能会产生遮阴带，造成坐果率降低，但上部和中部树冠接受了适宜的阳光，会生产出大量的高质量果实。

2.1.3　沙棘修剪

2.1.3.1　修剪目标

1）保持适宜的树体大小、形状和结构。

2）促进分枝习性和力量。

3）维持适宜数量的新、幼果枝，去除只在边缘部位产果且果量很少的老、弱果枝。

4）去除受损、患病或感染虫害的枝条，维持、促进树木活力。

5）增加光通量，使整个树冠的产果较为均匀。

6）促进并维持年年产果的习性，获取较高的、预计的产量，更新衰退的果树结构。

2.1.3.2　修剪时间和方法

沙棘的树冠一般保持自然冠型，修剪作为辅助措施，通常通过短截、摘心和疏剪，保障树木萌发枝条，形成矮化的、数量适宜的多杆植株。沙棘芽在早春开放，因此，提倡在晚冬芽未开放时进行修剪。对沙棘早修剪的一个重要原因是，春季修剪会使树液从伤口流出，易滋生病害，一般不提倡夏季和晚秋季节修剪。冬季或早春修剪是为了翌春树芽萌动时，可集中利用树木中所贮藏的养分供应新生枝叶生长。修剪越重，养分也越集中，新梢生长就越旺盛。

沙棘在进入结果和采收期后，修剪往往和果实采收相结合，通常经过 2～4 年，枝条有计划地被全部更新一遍，管理越好树势越强，枝条被全部更新一遍的时间越短。同时，每年修剪多少，还取决于植物种（亚种和品种）、生长期及株行距。一般情况下，主枝疏剪以不超过树冠生长的 1/3 为宜。沙棘树体的主要修剪方法有短截、疏剪、回缩和更新剪（留桩）等。

2.1.3.3　修剪要求

在沙棘生长的前 4 年，主要使骨干枝在空间的着生位置合适，树冠要紧凑低矮，为此要剪掉多余的重叠着生、位置不适宜的枝条，并要剪短细长的枝条。5 年树龄时沙棘进入大量结果期，应剪掉稠密枝条，对树冠进行系统的透光伐。为了防止沙棘过早衰老，对 3 年生枝条还应进行更新修剪。在结实后，剪除干枯的新长枝及小枝是一项必要的措施，新长枝基部有非常小的休眠芽，修剪后这些休眠芽开始萌发，并发生嫩枝，将于来年开始结实。干枯的大枝也必须及时剪除，从根颈处截断进行复壮修剪，或称平茬，在根颈处生长的萌芽条，可迅速在修剪后第 3 年进入结实期。通过这种方法还能达到沙棘林的复壮更新。

沙棘的修剪应遵循以下要求：一是对长势旺的幼树，一般在高度为 2～2.5 m 时进行封顶，以缓和树体长势；二是成年树枝叶较多，应使小枝更新复壮，达到通风透光的要求；三是对生长旺盛的老树，应采取缓势修剪；四是对生长衰退的树和树冠焦梢、内膛空虚的大树，要更新树冠和培养内膛结果枝组，以尽快恢复树势；五是对达到要求高度的大树，通风透光不良的要进行落头，枝条少而短小的则尽量多保留枝条，不要疏枝。

此外，沙棘到达预期生长高度后，高度必须控制，以保持整个树体的营养平衡。生长过高，下部会因遮阴而生长不良。对于成熟树来说，大枝是一个问题，因为收获果实较为困难，特别是对上部枝条来说。枝条与树干的直径比应降至 1∶4，即 25%。植物密度越大，枝条与树干直径之比越小。如果营养生长失去控制，可以在 5 月对根系进行断根修剪，方法是，用刀片距树干 30 cm 以外，下切至土表下 30 cm 深处，切断侧根，控制营养生长。

2.1.3.4　沙棘修剪装置

在沙棘修剪过程中，我们发明了一种沙棘修剪机械。沙棘修剪主要在夏季和冬季进行，其中以冬剪为主、夏剪为辅。首先要进行疏剪，将太密、太弱的枝条剪掉，同时修剪交叉枝和重叠枝，加强通风和透光。其次要注意短截，针对一年生的枝条适当剪短，可以促进新梢的生长。另外，还可以将枝条的顶芽剪去，让植株有更多分枝，增加坐果率。

不同品种的沙棘高度不同，通常沙棘树能达到 1～5 m 的高度，最高甚至能达到 20 m 左右。目前在种植过程中，对沙棘进行修剪都是由人工完成的，修剪效率低，费时费力，人工成本太高。为此，我们沙棘研究人员发明了一种沙棘修剪装置，使用此装置修剪效率更高，省时省力（图 2-1）。

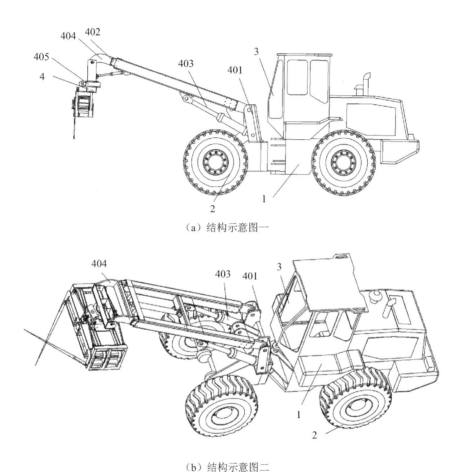

（a）结构示意图一

（b）结构示意图二

1—车体；2—车轮移动机构；3—操作室；4—方向调节机构（包括组装座401、伸缩机械臂402、升降油缸403、

吊耳404、方向旋转座405）

图2-1　沙棘修剪装置结构示意图

与现有技术相比，这个沙棘修剪装置，适合在种植沙棘的沙漠、盐碱地等凹凸不平的地带行走，车轮移动机构可以轻松通过不平坦的地段；修剪机构可以多角度进行修剪，适合不同情况下的修剪需要；操作人员在操作室内就可以观察到要修剪树枝的情况，进行有效修剪，大大提高了修剪的自动化程度，修剪效率更高，省时省力。

2.1.4　沙棘整形修剪小结

沙棘冠型主要有 3 种：丛状灌木型、紧密圆锥型和开放半圆型。沙棘在树冠一般保持自然冠型，修剪作为辅助措施，通常通过短截、摘心和疏剪，保障树木萌发枝条，形成矮化的、数量适宜的多杆植株。沙棘的整形修剪通常在种植的前 4 年进行，之后整形修剪和果实采收相结合，在完成果实采收的同时，完成整形修剪，使用机械化修剪更加完美。

2.2　灌溉技术

2.2.1　常规沟灌技术

2.2.1.1　材料与方法

（1）样地的布置

在青河县国家级大果沙棘良种繁育基地内选择 4 年生沙棘树、比较平整且土壤未经过扰动的 2 块田块作为试验样地，样地内选取无病虫害、生长状况基本一致的样株作为试验对象，沙棘株行距为 2 m×4 m。结合样树的株行距与样树周边的具体情况，设置每块试验样地至少为 10 m×10 m，去除表面覆盖土以及杂物，将表层土壤翻修平整。为避免果园的日常管理对试验样地造成影响，在样地边缘挖设深度为 180 cm 的隔离带。在靠近样地的一侧包裹上防渗膜，防止果园内大田漫灌的水分侧渗对样地内水分产生影响，并把防渗膜抬高地面 50 cm 埋设土垄。隔离带布置好后，在远离隔离带至少 5 m 的距离堆设高度大于 0.5 m 的土垄作为缓冲带，以避免果园日常灌水对样地造成影响。沿树行方向在树干基部开沟，沟为倒梯形，下口宽 20 cm、上口宽 80 cm、沟深 40 cm。

（2）样株的选择

在样地内选择在生长环境、土壤条件、径级分布上均具有代表性的沙棘园，在园内选择 4 年生沙棘树，按照树龄选择生长状况良好、受外界条件干扰较小、无病虫害的植株再进行筛选，所选样株周围其他沙棘树应生长、栽培良好。

（3）探头的布设

沿垂直树行的方向挖长 2 m、宽 0.5 m、深 1.8 m 的剖面，将 ECH$_2$O 水分探头插入没有经过扰动的土壤剖面，水分探头布置好后再将土壤回埋、浇水压实。探头的布置分为水平方向上和垂直方向上：水平方向上，我们以样地中心 0 点为起点，在 20 cm、40 cm、60 cm、80 cm、100 cm、120 cm、140 cm、160 cm 处布置探头，探头埋深 20 cm；垂直方向上，以 0 点为顶点，在−20 cm、−40 cm、−60 cm、−80 cm、−100 cm、−120 cm、−140 cm、−160 cm 的深度布置探头，另布置两条铺设线路，分别与水平方向成 30°、60°夹角，均匀布设。具体布置见图 2-2。

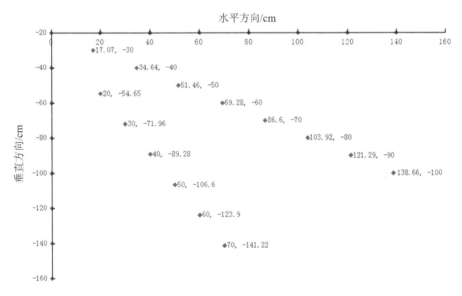

图 2-2　沟灌探头布置方式

（4）试验土壤测定

新疆地区的农、林用地地貌主要以冲积扇型三角洲、洪积平原为主，其土壤质地均以壤土、沙土、黏土层分布为主，部分非农林用地地表为没有经过人工改造的砾质并夹有粗砂。试验站土壤以沙壤土为主，有机质在 12.4～26.2 g/kg，pH 为 8.51～9.75，呈弱碱性，土壤厚度约为 3 m 以上。在试验样地内选择一空白地，大小为 2.0 m×2.0 m，给其充分灌溉后，搁置 48 h 后采用土钻分层取土，并利用烘干称重法测算土壤的质量含水率，根据公式：容积含水率=质量含水率×容重，测算该样地不同土层的最大容积持水量；通过双环入渗试验土壤测定饱和导水率，根据卡庆斯基土壤质地分类法，用沙粒粒径大小与物理性黏粒测定土壤质地；利用现场环刀法测定土壤容重，用比重瓶法测定土壤比重后，测算土壤总孔隙度。结合试验区内土壤测得的结果可知，该试验区内的土壤质地在新疆农林用地中具有一定的代表性。

（5）灌水量的确定

根据沙棘树的需水特性，结合当地的经验灌水量（以常规株行距为 2 m×4 m 为参照），将沟灌的灌水量分别设置为 60 m³/亩、100 m³/亩。

（6）数据采集与分析

在 2014 年 4 月底至 10 月中旬进行沙棘沟灌水分运移测定试验。在试验开始前，对样地进行搁置，使其恢复到水分亏缺状态，并每天观测各深度土壤的含水量，在各深度土壤含水量低于田间持水量的 60%时开始试验。由于灌溉方式的不同，对数据的采集方式也有所区别。沟灌水分入渗过程中，灌溉期间每隔 10 min 采集一次数据，持续至少48 h；水分散失过程中 1 h 采集一次数据，直到各深度土壤含水量恢复到灌溉前的水平。利用 Excel 2007 整理数据，使用 Surfer8.0 软件作图，并分析土壤水分运移过程及规律，利用 SPSS 17.0 软件对灌溉时间和下渗深度作显著性检验。

2.2.1.2　结果与分析

（1）沟灌方式下沙棘园土壤水分运移特征

沟灌方式不同灌水量下土壤水分的运移过程见图 2-3。灌溉前沙棘树土壤各深度的含水量具体为 19%、17%、32%、18%、28%、26%、29%、32%，−60 cm 的土壤含水量略高于其他深度。由于沟灌是二维入渗，所以在水平方向和垂直方向都有水分的渗透。在 60 m³/亩的灌水量的湿润区间为水平 60 cm、垂直−100 cm，水分侧渗使得坐标为（51.46，−50）和（30，−71.96）的探头探测到水分的增加。灌水量为 100 m³/亩的湿润区间为水平 80 cm，垂直−120 cm，水分侧渗到坐标为（51.46，−50）和（40，−89.28）的探头处。

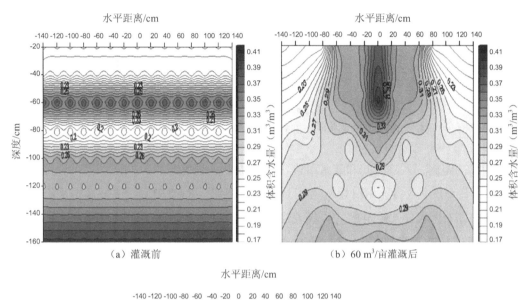

图 2-3　沟灌方式不同灌水量下土壤湿润区间

（2）沟灌方式的下渗模型

在沟灌过程中，水分的渗透速率和渗透深度受到土壤容重、土壤导水率、沟横截面积、沟中水深等多方面的影响。本试验在同一样地中重复不同灌水量的灌水，并尽量使沟中水深固定在 35～40 cm，水分的入渗深度、入渗时间和灌水量如表 2-1 所示。

表 2-1　沟灌方式不同灌水量下土壤入渗的深度与时间

灌水量/ （m³/亩）	深度/cm													
	20	30	40	50	54.65	60	71.96	80	89.28	100	106.6	120	140	160
	时间/min													
60	5	12	160	384	157	312	367	391	435					
100	6	14	153	407	189	338	406	412	467	505		574	653	

对入渗距离、入渗时间和灌水量进行多元拟合，结果为：

$$Y = -0.115X_1 + 0.119X_2 + 34.645 \quad (R^2=0.915)$$

其中，Y 为水分入渗距离，X_1 代表灌水量，X_2 代表入渗时间。随着灌水量的增加，入渗距离在各方向增量并不一致，沙壤土的平均入渗速度为 24.78 cm/min。

（3）沟灌方式下不同树龄沙棘树不同灌水量的水分散失过程

1）灌水量为 60 m³/亩的水分散失过程

在灌水 60 m³/亩之后如图 2-4 所示，土壤水分散失的速率要明显低于漫灌方式下的水分散失速率，而且在沟侧土垄的影响下，土垄下的探头水分散失明显慢于其他位置的探头。土壤含水量在灌水结束后第 5 天才开始缓慢地降低。沟底土壤在灌水结束后的第 8 天出现地表干结现象，导致后期的土壤水分小范围出现分布不均现象，其中也有沟底低于地平面（−20 cm）并直接阳光直射的作用。土壤水分的散失速率也表现出两种差异，主要由于沟侧土垄分布于水平 20～40 cm，导致土垄正下方的土壤水分散失速率较为缓慢，平均在 0.01/d。其余位置的水分散失速率为 0.02/d。

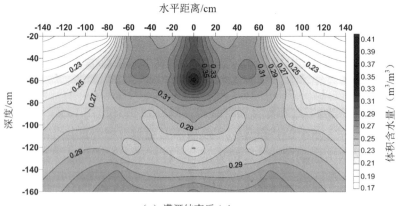

（a）灌溉结束后 1 d

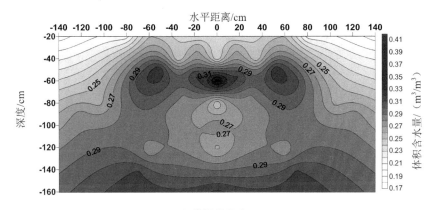

（b）灌溉结束后 5 d

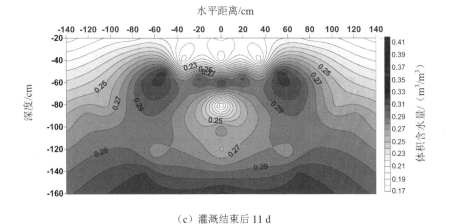

（c）灌溉结束后 11 d

图 2-4　沟灌方式下 3 年生沙棘样地的水分散失过程

2）灌水量为 100 m³/亩的水分散失过程

在灌水 100 m³/亩后水分的散失如图 2-5 所示，垂直方向的−20～−40 cm 深度土壤含水量在灌水结束后 5 d 内散失速率为 0.01/d，−60 cm 深度基本保持不变。在灌水结束后第 5 天直至灌水周期结束，−20～−40 cm 深度的土壤水分散失速率为 0.02/d，而且沟侧土垄对于其正下方土壤水分散失的影响依然存在。综合考虑沟灌方式受到不同土层的影响，其平均散失速率基本稳定在 0.01/d。

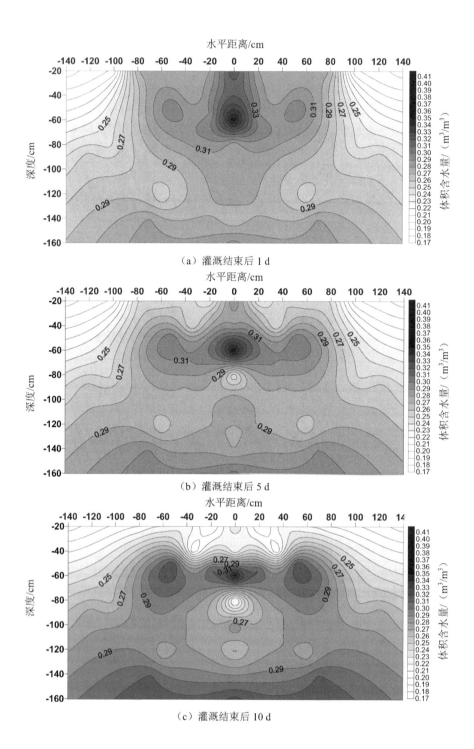

（a）灌溉结束后 1 d

（b）灌溉结束后 5 d

（c）灌溉结束后 10 d

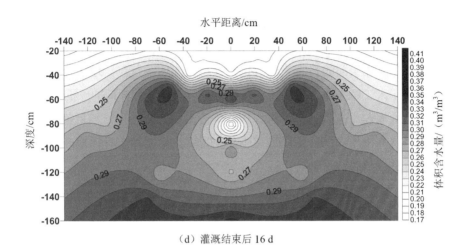

（d）灌溉结束后 16 d

图 2-5　沟灌方式下 3 年生沙棘样地的水分散失过程

2.2.1.3　常规沟灌技术小结

（1）沟灌方式湿润区间

不同灌水量下土壤水分运移的湿润区间为，灌水量 60 m³/亩水平方向可运移到 60 cm、垂直方向达 100 cm；灌水量 100 m³/亩水平方向可运移到 80 cm、垂直方向达 120 cm。

（2）1～3 年生树龄灌溉制度

每次灌溉灌水量为 80 m³/亩（以 84 株/亩计），年灌水 5～6 次，灌水定额为 400～500 m³/亩。以青河县为例，4 月底萌芽时灌溉 1 次；5 月下旬灌溉 1 次；6 月下旬灌溉 1 次；7 月中旬灌溉 1 次；9 月下旬冬灌 1 次。其他地区根据气候条件适当调控。

（3）4 年生以上树龄灌溉制度

根据沙棘生长发育规律可知，4 年后开始挂果，树冠基本成型，因此，灌溉次数较 1～3 年生可增加 1 次灌溉，或每次灌溉量适当增加 20 m³/亩。

2.2.2　滴灌技术

2.2.2.1　材料与方法

（1）样地选择及布置

在阿勒泰地区青河县沙棘良种基地内选择 4 年生沙棘树、比较平整且土壤未经过扰动的 2 块田块作为试验样地，样地内选取无病虫害、生长状况基本一致的样株作为试验对象，沙棘株行距为 2 m×4 m，雌雄株配比 8∶1。结合样树的株行距与样树周边的具体情况，设置每块试验样地面积至少为 10 m×10 m，去除表面覆盖土以及杂物，将表层土壤翻修平整。为避免果园的日常管理对试验样地造成影响，在样地边缘设置隔离带，具体为在样地边缘人工挖掘出深度为 1.8 m 的壕沟。选择紧贴样地的一面围上防渗膜，要求防渗膜高出地面 50 cm 以上，以防止水分侧渗影响实验结果。然后把壕沟填满埋实。在样地周围围绕高出地面的防渗膜堆置土垄。为防止果园灌水对样地产生冲击，在样地外围（隔离带外）堆置高度为 0.5 m 的土垄作为缓冲带（14 m×14 m），缓冲带同样铺设防渗膜。

（2）样株选择

试验样地内选择 4 年生的沙棘树，其他条件同上。

（3）试验设备

滴灌试验的设备由 ECH_2O 水分测量探头及多通道数据采集器、供水系统组成。设备如图 2-6 所示。

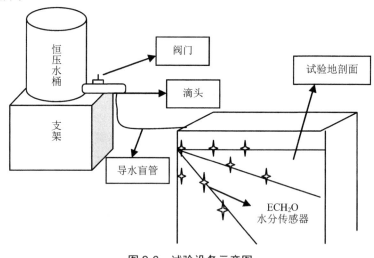

图 2-6 试验设备示意图

滴灌试验过程中，土壤中的湿润体含水率通过 ECH_2O 土壤水分传感器进行测量，该仪器通过测量土壤的介电常数来获得土壤的体积含水量。仪器由 ECH_2O 土壤水分传感器和 48 通道的自动数据采集器两大部分组成，能够较稳定、连续、动态地监测土壤中多个探测点的土壤水分变化状况。

滴灌试验中所用的供水系统，由自制的恒压水桶和可更换滴头组成。试验过程中水桶提供恒压供水；由于自制供水系统不能满足滴头所需要的规定压力，试验前用 1 L 烧杯量测不同滴头的实际流量，实验过程中通过更换不同的滴头来控制流量大小。为保证试验数据的准确性，每次试验开始前再用烧杯进行 2～3 次的测量，待确定滴量准确时再进行试验。

　　（4）试验土壤

　　试验土壤参数同沟灌试验土壤。

　　（5）试验方法

　　试验为树下滴灌试验，根据试验目的，设计并进行了单点源入渗情况下的滴灌试验。试验根据不同流量和不同的灌水历时两个因素来分析滴灌条件下土壤水分的运移规律及分布。具体的试验方案如下：

　　滴灌试验在沙棘树生长季进行（5—9 月），试验采用自制压力设备，由一个 100 kg 供水桶、滴灌管、不同流量的滴头以及盲管组成。供水桶由高 1.5 m 的木架架起，上端连接恒定注水管，下端连接出水装置（出水开关+镶有滴头的 PE 管+盲管），滴量的控制通过更换镶有不同流量滴头的 PE 管来实现。试验主要依据不同的滴头流量、灌水历时来分析灌溉时土壤水分运移及分布特征。

　　分别对 4 年生沙棘树采取单点滴灌试验，滴水点位于沙棘树干处，分别设定滴头流量和灌水时间二因素正交试验，设计 4 个滴头流量：4 L/h、8 L/h、12 L/h、16 L/h，滴灌历时：4 h、6 h，共计 6 种灌水模式。

　　滴量的控制需要提前模拟，并在供水桶上标记好对应流量刻度。树下滴灌试验以样树根部为原点，在垂直树行的方向挖长 2 m、宽 0.5 m、深 1.8 m 的剖面，将 ECH$_2$O 水分探头插入没有经过扰动的土壤剖面，水分探头布置好后再将土壤回埋、浇水压实。探头的布置分为水平和垂直两个方向；水平方向上，我们以样地中心 0 点为起点，以 20 cm、40 cm、60 cm、80 cm、100 cm、120 cm、140 cm、160 cm、180 cm 为间距布置探头，探头埋深 20 cm；垂直方向上，以 0 点为顶点，分别在 −20 cm、−40 cm、−60 cm、−80 cm、−100 cm、−120 cm、−140 cm、−160 cm 的深度布置探头，另布置两条铺设线路，分别与水平方向成 30°、60° 夹角。共需探头 31 个（图 2-7）。

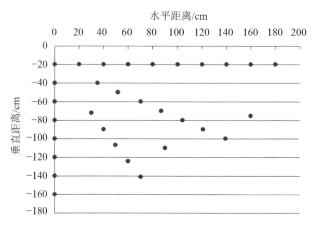

图 2-7　ECH$_2$O 水分探头布局图

（6）数据采集与处理

滴灌时采用 ECH$_2$O 水分测定仪观测水分进入土壤后的运动情况。试验进行时每隔 10 min 采集一次数据，试验完毕后待实验样地土壤恢复到原物理状态时，再进行下一梯度试验。利用 SPSS18.0 以及 Excel 2010 对数据进行分析处理。

2.2.2.2　结果与分析

（1）灌水历时为 4 h 时不同流量对湿润体特征值的影响

1）不同滴头流量对湿润锋形状和运移过程的影响

地表滴灌主要是针对植物根系的分布范围进行针对性的灌溉，根系能否有效地吸收水分主要取决于湿润体的大小能否包裹住植物根系，以及滴灌过程中滴头流量和灌溉水量等因素，故确定相同灌水历时条件下不同的滴头流量湿润体的形状对滴灌起着举足轻重的作用。地表滴灌的入渗方向不同于地下滴灌，地表滴灌主要的水分运移方向是水平径向 $X(t)$ 与垂直入渗 $Z(t)$ 等不同角度各个方向上的运移。

图 2-8 为滴灌时间 4 h，滴头流量分别为 4 L/h、8 L/h、12 L/h、16 L/h 时湿润体最大的分布范围以及土壤中含水率变化图。从图中可见，湿润体的形状近似半个椭圆形，滴灌过程中水平方向上水分在土壤中的运动过程主要受到基质势的作用，而垂直方向上水分的运动在受到基质势作用的同时还会受到重力势的作用。从图中水分等值线轮廓可知，滴灌初始入渗过程中由于受到土壤对水分的吸力作用的影响，当 $q \leqslant 12$ L/h 时，水平方向的基质势比垂直方向重力势表现明显，所以水平方向上湿润锋的扩散速度要比垂

直方向上的运移速度稍快；当 $q>12$ L/h 时，由于灌水量的增加，重力势大于基质势，此时垂直方向入渗距离大于水平扩散距离。

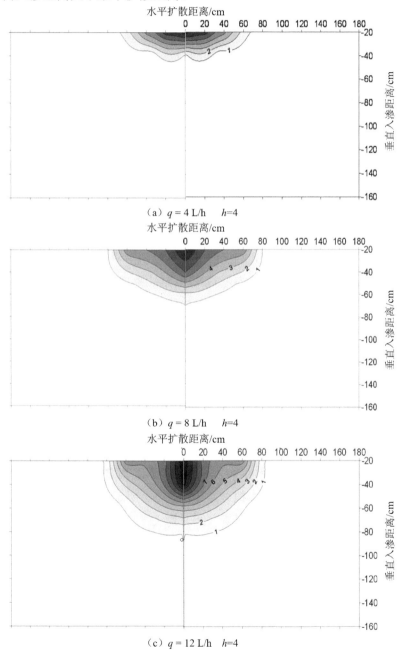

（a）$q=4$ L/h $h=4$

（b）$q=8$ L/h $h=4$

（c）$q=12$ L/h $h=4$

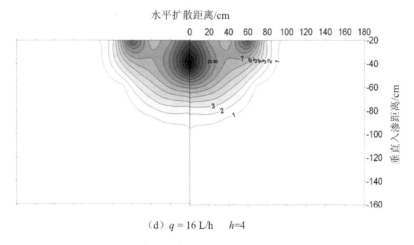

（d）$q = 16$ L/h　　$h=4$

图 2-8　灌溉历时 4 h 时不同滴头流量下湿润体的形状

　　地表滴灌以地上点源为原点，其湿润锋运移分别沿着垂直向下和水平方向运动。滴灌入渗过程中，水平扩散半径 $X_4(t)$ 与垂直入渗距离 $Z_4(t)$ 是湿润体运移过程中两个重要的特征值。图 2-9 为灌水历时 4 h，4 种滴头流量下土壤湿润体水平扩散半径 $X_4(t)$ 和垂直入渗距离 $Z_4(t)$ 随着时间 t 的变化过程。由图 2-9 可知，在相同的灌水历时下，当滴头流量增加时，湿润锋的垂直距离和水平距离也都呈现出增加的趋势，但是垂直距离的增加幅度要大于水平距离；水平、垂直方向的入渗速率随着滴头流量的增加而增大；水平、垂直入渗过程中，当 $q \geqslant 8$ L/h 时，灌水初期 100~150 min 间的扩散速率与变化趋势基本一致，随着时间的推移，在两个方向的入渗距离出现了明显的变化；同时可知，当 $q=4$ L/h 时，其水平、垂直入渗过程中入渗速率明显小于其他滴头流量下的入渗速率。

　　对滴灌过程中水平扩散半径 $X_4(t)$、垂直扩散距离 $Z_4(t)$ 与灌水入渗时间进行拟合，幂函数较为简单且相关性高，拟合结果如表 2-2 所示，从该表中可以得出，它们之间存在很显著的幂函数关系，可决系数（R^2）均大于 0.92。由表 2-2 拟合的方程可知，根据不同的灌水时间可以计算出 4 种不同滴头流量在水平、垂直方向的入渗距离。在滴头流量不变的条件下，水平扩散距离拟合方程为不同灌水时间下滴头的布置间距提供依据；垂直入渗距离拟合方程可以结合沙棘树根系分布，在保证深层不发生侧漏的条件下确定不同径级沙棘树的滴灌时间。

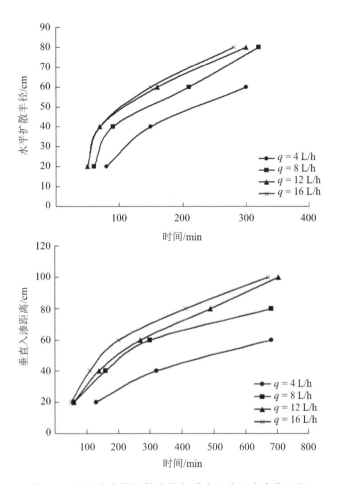

图 2-9　湿润锋水平扩散半径与垂直入渗距离变化过程

表 2-2　不同滴头流量下湿润锋运移的拟合方程参数

滴头流量/ (L/h)	水平方向			垂直方向		
	$X(t) = a \times t^{d}$			$Z(t) = c \times t^{b}$		
	a	d	R^2	c	b	R^2
$q = 4$ L/h	1.397	0.735	0.923	2.119	0.605	0.969
$q = 8$ L/h	1.601	0.701	0.925	1.560	0.641	0.988
$q = 12$ L/h	1.068	0.756	0.927	1.993	0.579	0.976
$q = 16$ L/h	0.566	0.827	0.969	0.799	0.667	0.990

注：长度单位（cm），对应入渗时间 t 单位（min）。

2）湿润锋平均运移速率分析

上面我们分析了湿润锋的运移规律与时间的关系，得出了在滴灌初期，湿润体的水平扩散距离要大于垂直入渗距离，也就是说，水分在水平方向上的运移速度要比垂直方向上的快。经过对湿润锋的分析可知，滴灌过程中滴头流量的大小直接影响到湿润锋的运移速度，所以在不同滴头流量的前提条件下，垂直入渗速率大于水平扩散速率需要的时间也不同。为了能够更好地指导实践，我们很有必要推导出二者之间存在的关系。

湿润锋运移的平均速率是指某一段时间内，湿润锋运移距离的变化量。以下主要分析了在灌水历时为 4 h 的情况下，滴头流量为 4 L/h、8 L/h、12 L/h、16 L/h 的湿润锋平均运移速率的规律。图 2-10 为水平方向与垂直方向湿润锋运移速率与入渗时间的关系

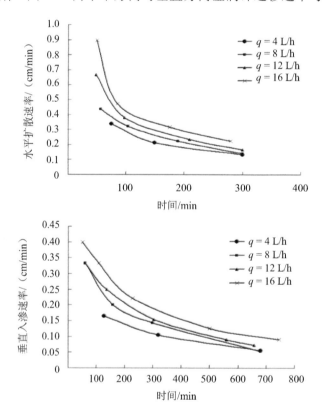

图 2-10　灌溉历时 4 h 时湿润锋平均运移速率

曲线，从图中可以看出，湿润锋的运移速率随着滴头流量的增大而增快，无论滴头流量大小，运移速率都会随着时间的推移逐渐减小，主要原因是土壤中的含水率不断增加导致湿润锋的运移速率减慢。水平方向湿润锋运移平均速率用 $V_{4x(t)}$ 表示，即 $V_{x(t)} = \Delta x / \Delta t$，垂直方向的湿润锋运移平均速率用 $V_{4z(t)}$ 表示，即 $V_{z(t)} = \Delta z / \Delta t$。利用幂函数 $V_{4x(t)} = at^b$ 和 $V_{4z(t)} = at^b$ 对二者进行拟合，R^2 均在 0.96 以上。表 2-3 为各个滴头流量条件下 $V_{4x(t)}$、$V_{4z(t)}$ 与灌水历时的拟合结果。

表2-3　湿润体平均运移速率与时间幂函数拟合参数

滴头流量/（L/h）	水平方向			垂直方向		
	$V_{4x(t)} = at^b$			$V_{4z(t)} = at^b$		
	a	b	R^2	a	b	R^2
$q = 4$ L/h	1.675	−0.428	0.982	4.090	−0.642	0.995
$q = 8$ L/h	3.620	−0.537	0.95	4.769	−0.616	0.961
$q = 12$ L/h	4.102	−0.551	0.982	7.461	−0.707	0.963
$q = 16$ L/h	3.882	−0.510	0.965	4.830	−0.599	0.992

注：平均运移速率单位（cm/min），对应入渗时间 t 单位（min）。

在实际的滴灌操作中，虽然容易观测到水分在水平方向上的运移距离，但是在垂直方向上的入渗距离很难观测到。根据不同作物的根系分布特点，结合不同滴头流量条件下湿润锋平均运移速率与入渗时间的关系规律，可制订出合理的灌溉计划。

3）灌水历时 4 h 时的湿润比分析

上面我们分析了不同的滴头流量灌水历时 4 h 对湿润体形状的变化和湿润锋运移的影响。通常为达到合理的滴灌系统设计的目的，在实际应用中要考虑到当地土壤质地、不同作物的根系特征，以及农业技术实施所能达到的条件等，根据不同的实际情况来选择制定合理的参数。滴灌技术的主要特点就是直接通过灌水设备有针对性地湿润作物的根系，进而使灌溉到土壤中的水分能够充分地被植物根系吸收利用，充分提高水分利用效率。

在地表滴灌条件下，水分进入土壤后主要向水平、垂直方向扩散、入渗，我们通常把水平扩散距离和垂直入渗的比值称为湿润比，它对确定滴灌灌水参数起着重要作用。

滴灌条件下湿润比的特征值有利于结合植物根系的分布制订合理的灌溉计划。

图 2-11 为地表单点源滴灌条件下，相同的灌溉历时（$h=4$）、不同的滴头流量下湿润比与入渗时间的关系。由该关系图可知：在滴灌入渗初期，湿润比值随着滴头流量的增大而增大；随着时间的推移，到灌溉的中后期时，湿润比值随着滴头流量的增加而减小，分析其原因，主要是由于较小的滴头流量在灌溉过程中所形成的重力势较小，相反，在水平方向上，由于基质势和土壤吸水力的影响，导致滴头流量较小时水平扩散距离较垂直入渗距离大，随着滴头流量的增加，垂直方向上的重力势加强，垂直入渗距离也随之增大，进而出现湿润比值逐渐随着滴头流量的增加而减小的现象；就任一滴头流量而言，随着时间的递增，湿润比值也逐渐变小；通过对湿润比与入渗时间的关系图进行分析，可知湿润比与入渗时间存在幂函数关系，可以用公式 $X_4/Z_4=At^C$ 表示，拟合两关系数据可得表 2-4，R^2 均在 0.99 以上。

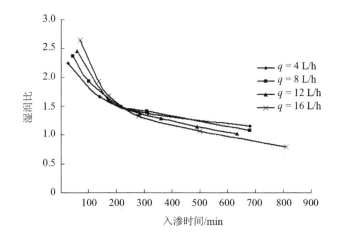

图 2-11   湿润比与入渗时间的关系

表 2-4   入渗时间与湿润比的幂函数关系

滴头流量/（L/h）	A	C	R^2
4	4.337	−0.199 7	0.995 2
8	6.949	−0.282 8	0.993 5
12	10.612	−0.361	0.996 9
16	20.635	−0.483 6	0.996 0

综合上述对湿润比的分析可知，滴灌过程中无论滴头流量的大小，随着时间的增加湿润比值在减小，由此可知，湿润体的变化过程中垂直入渗距离逐渐大于水平扩散距离。分析其主要原因如下：在灌水初期，土壤的最大入渗能力小于滴头流量，进而在地表形成积水，受到土壤基质势和土壤吸水力的影响，此时水分的重力势影响不明显，所以水分在水平方向上运移的速度较快；随着时间的推移，灌水量不断增大，土壤中的含水量也不断增大，重力势也随之增大，所以随着时间的推移，垂直入渗距离逐渐大于水平扩散距离。

4）湿润体体积含水率分布规律

①水平和垂直方向体积含水率的变化规律

单点源地表滴灌过程中，由于受到基质势和重力势的影响，水分从原点进入土壤时随着时间的不断推移向四周扩散，加之本是在实地无扰动原土壤条件下进行的，故对湿润区内的某一个方向进行的滴灌，发现湿润体的含水率变化规律与水平或垂直入渗相似。以滴头流量为 16 L/h、灌水历时 4 h 为例，分析滴灌入渗过程与结束后的含水率分布规律。

图 2-12 表示垂直方向和水平方向上各个水分探头测量到的土壤含水率的变化，由图可知，滴灌过程中，在水平方向和垂直方向上，含水率的变化随着入渗距离的增加而减小，距离滴头越近含水率变化幅度也越大，灌水结束后土壤中的水分并没有停止运移，而是随着时间的推移不断向两方向运动。

②滴头流量对湿润体体积含水率的影响

图 2-13 为相同的灌水历时情况下，不同的滴头流量对应的含水率等值线图。用绘图软件 SURFER8.0 对灌溉过程中各个 ECH_2O 水分探头实测的体积含水率进行绘制，绘制出灌水历时 4 h 时，滴头流量分别为 4 L/h、8 L/h、12 L/h、16 L/h 的等值线图。对比四幅不同的含水率等值线图，可以得出在滴头下方以及剖面上的含水率变化趋势和规律。

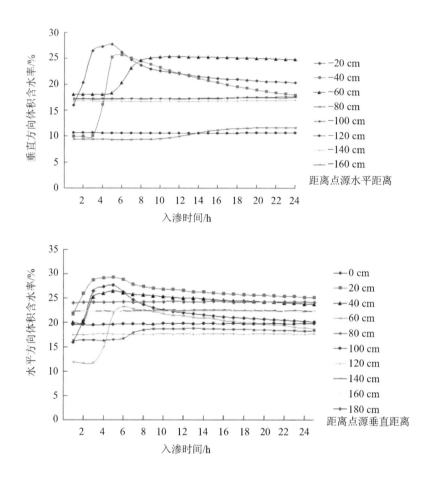

图 2-12　垂直方向与水平方向含水率变化

　　根据所测得的数据可知，当灌水结束后，各种流量下滴头正下方约 40 cm 的地方含水率达到最大值，距离滴头距离越近含水率等值线也就越密。从任一图中可知，含水率变化值随着距离增加而变小，在灌水历时相同的条件下，滴头流量越大湿润体的范围也相应越大，含水率增大的速率也越快。以滴头处为原点的半径 20 cm 范围处，滴头流量为 12 L/h 时，下方的含水率变化值达到了 7%，随着滴头流量的增加，当滴头流量为 16 L/h 时，滴头下方的含水率变化值为 11%，可见在相同半径处含水率变化值会随着滴头流量的增大而增加。当滴头流量增大时，滴头下方的土壤含水率也会随之增大，主要是因为土壤的吸力和渗透力是有限的，滴头流量增大时土壤来不及扩散水分，导致水分在滴头下方土壤处出现暂时的聚集停留。滴头流量增大时，在相同时间内滴头流量滴入土壤中的水分较多，入渗过程中所形成的梯度力也会大于较小的滴头流量，所以灌溉结束后流量大的湿润体分布范围会比流量小的分布范围大。

由此可见，在地表滴灌过程中，含水率会以滴头下方为原点，随着距离的不断增加，逐渐一层一层地减小。结合植物根系分布的特点，应用含水率等值线分布图有利于在滴灌实践中选择合适的滴头流量。

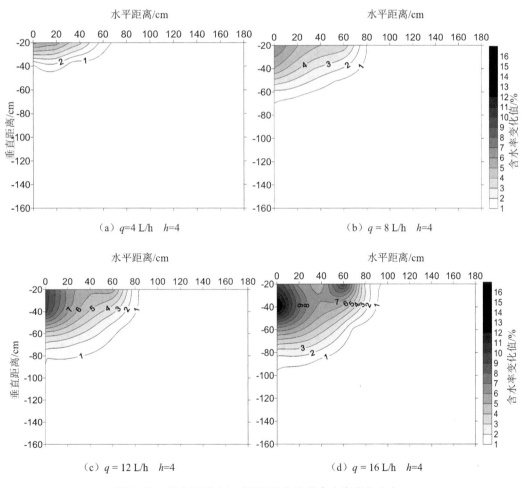

图 2-13　灌水历时 4 h 时不同滴头流量含水率变化分布

（2）灌水历时 6 h 时不同流量对湿润体特征值的影响

1）不同滴头流量对湿润锋形状和运移过程的影响

上节我们在灌水历时 4 h 时已经提到，地表滴灌主要的水分运移方向是水平扩散半径 $X_4(t)$ 与垂直入渗 $Z_4(t)$ 等不同角度的各个方向。随着灌溉历时的增加，灌水总量也随之增加，所形成的湿润锋形状也会发生变化。图 2-14 为灌水历时 6 h、滴头流量分别为 4 L/h、8 L/h、12 L/h、16 L/h 时湿润锋的形状。

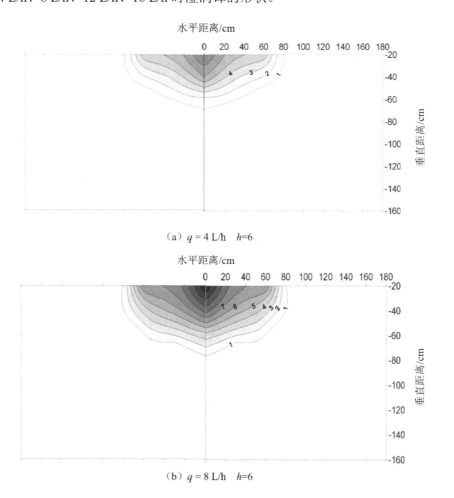

（a）$q = 4$ L/h　$h=6$

（b）$q = 8$ L/h　$h=6$

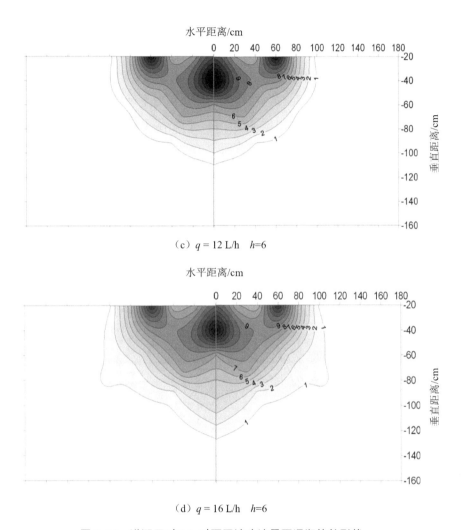

（c）$q = 12$ L/h $h=6$

（d）$q = 16$ L/h $h=6$

图 2-14 灌溉历时 6 h 时不同滴头流量下湿润体的形状

由以上四幅湿润体形状图可知，当灌水历时 6 h 时湿润体的形状近似半个椭圆。从图中水分等值线轮廓可知，滴灌初始入渗过程中由于受到土壤对水分的吸力作用的影响，当 $q \leqslant 8$ L/h 时，水平方向的基质势比垂直方向的重力势表现明显，所以水平方向上湿润锋的扩散速度要比垂直方向上的运移速度稍快；当 $q > 8$ L/h 时，由于灌水量的增加，重力势大于基质势，此时垂直方向入渗距离大于水平扩散距离。在相同的灌水量条件下，湿润体的形状大小会随着滴头流量的增大而增大。

湿润锋运移分别沿着垂直向下和水平径向运动。滴灌入渗过程中，水平扩散半径 $X_6(t)$ 与垂直入渗距离 $Z_6(t)$ 是湿润体运移过程中两个重要的特征值。图 2-15 为灌水历时 6 h、4 种滴头流量下土壤湿润体水平扩散半径 $X_6(t)$ 和垂直入渗距离 $Z_6(t)$ 随着时间 t 的变化过程。由图 2-15 可知，在相同的灌水历时下，当滴头流量增加时，湿润锋的垂直距离和水平距离也都呈现出增加的趋势，但是水平距离的增加幅度要小于垂直距离；水平、垂直方向的入渗速率随着滴头流量的增加而增大；水平、垂直入渗过程中，当 $q \geq 8$ L/h 时，灌水初期 100～150 min 时间内扩散速率与变化趋势基本一致，随着时间的推移，在两个方向的入渗距离出现了明显的变化；同时可知，当 $q = 4$ L/h 时，其水平、垂直入渗过程中入渗速率明显小于其他滴头流量的入渗速率。

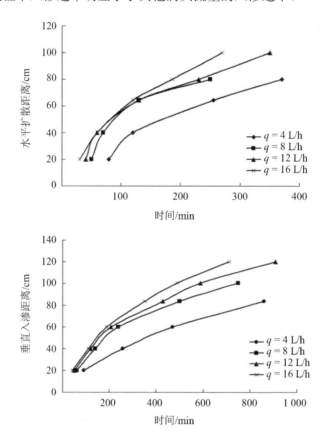

图 2-15 湿润锋水平扩散半径与垂直入渗距离变化过程

对滴灌过程中水平扩散半径 $X_6(t)$、垂直扩散距离 $Z_6(t)$ 与灌水入渗时间进行拟合，幂函数较为简单且相关性高，拟合结果如表 2-5 所示，从该表中可以得出它们之间存在很显著的幂函数关系，可决系数（R^2）均大于 0.95。由表 2-5 拟合的方程可知，根据不同的灌水时间可以计算出 4 种不同滴头流量在灌水历时 6 h 时水平、垂直方向的入渗距离。在滴头流量不变，水平扩散距离拟合方程为不同灌水时间条件下滴头的布置间距提供依据；垂直入渗距离拟合方程可以结合植物根系分布，在保证深层不发生侧漏的条件下确定不同径级植物的滴灌时间。

表 2-5　不同滴头流量下湿润锋运移的拟合方程参数

滴头流量/（L/h）	水平方向			垂直方向		
	$X_6(t)=a\times t^d$			$Z_6(t)=c\times t^b$		
	a	d	R^2	c	b	R^2
q=4 L/h	0.693	0.801	0.959	1.231	0.624	0.996
q=8 L/h	1.086	0.800	0.952	1.713	0.624	0.977
q=12 L/h	2.041	0.675	0.967	2.043	0.609	0.984
q=16 L/h	2.050	0.696	0.983	2.134	0.619	0.994

注：长度单位（cm），对应入渗时间 t 单位（min）。

2）湿润锋平均运移速率分析

上面我们分析了当 h=6 时湿润锋的运移规律和时间的关系，得出了在滴灌初期，湿润体的水平扩散距离要大于垂直入渗距离，也就是说，水分在水平方向上的运移速度要比垂直方向上的快。从对湿润锋的分析可知，滴灌过程中滴头流量的大小直接影响到湿润锋的运移速度，所以在不同滴头流量的前提条件下，垂直入渗速率大于水平扩散速率需要的时间也不同。为了能够更好地指导实践，我们很有必要推导出二者存在的关系。

以下主要分析了在灌水历时 6 h 的情况下，滴头流量为 4 L/h、8 L/h、12 L/h、16 L/h 的湿润锋平均运移速率的规律。图 2-16 为垂直方向上湿润锋运移速率与入渗时间的关系曲线；图 2-17 为水平方向湿润锋运移速率与入渗时间的关系曲线，从图中可以看出，湿润锋的运移速率随着滴头流量的增大而增快，无论滴头流量大小，运移速率都会随着时间的推移逐渐减小，主要原因是土壤中的含水率不断增加导致湿润锋的运移速率减小。湿润锋运移的平均速率是指某一段时间内，湿润锋运移距离的变化量。我们用 $V_{6x(t)}$ 表示水平方向湿润锋的运移平均速率，即 $V_{x(t)} = \Delta x / \Delta t$，垂直方向的湿润锋运移平均速率用 $V_{6z(t)}$ 表示，即 $V_{z(t)} = \Delta z / \Delta t$。利用幂函数 $V_{6x(t)} = at^b$，$V_{6z(t)} = at^b$ 对二者进行拟合，R^2 均在 0.96 以上。表 2-6 为各个滴头流量条件下 $V_{6x(t)}$、$V_{6z(t)}$ 与灌水历时的拟合结果。

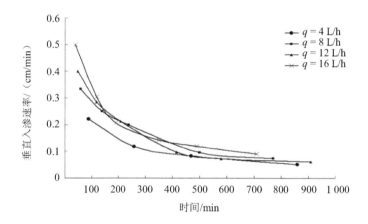

图 2-16　垂直方向湿润锋运移速率与入渗时间的关系

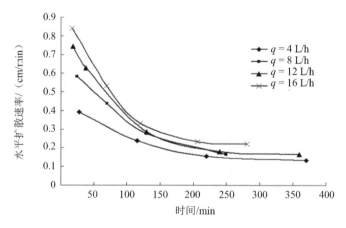

图 2-17　水平方向湿润锋运移速率与入渗时间的关系

表2-6　不同滴头流量条件下湿润锋平均运移速率与入渗时间的关系拟合方程

滴头流量/（L/h）	水平方向			垂直方向		
	$V_{x(t)}=at^b$			$V_{z(t)}=at^b$		
	a	b	R^2	a	b	R^2
q=4 L/h	1.675	−0.428	0.982	4.090	−0.642	0.995
q=8 L/h	3.620	−0.537	0.950	4.769	−0.616	0.961
q=12 L/h	4.102	−0.551	0.982	7.461	−0.707	0.963
q=16 L/h	3.882	−0.51	0.965	4.830	−0.599	0.992
q=20 L/h	5.635	−0.574	0.968	2.590	−0.448	0.966

注：平均运移速率单位（cm/min），对应入渗时间 t 单位（min）。

3）灌水历时为6 h时湿润比分析

图2-18为地表单点源滴灌条件下，相同的灌溉时间（h=6）、不同的滴头流量时湿润比与入渗时间的关系。由该关系图可知，灌水历时6 h时湿润比与时间的变化关系总体趋势相近，在滴灌入渗初期，湿润比值随着滴头流量的增大而增大；随着时间的推移，到达灌溉的中后期，湿润比值随着滴头流量的增加而减小，分析其原因如下：较小的滴头流量在灌溉过程中所形成的重力势也较小，相反在水平方向上由于基质势和土壤吸水力的影响，导致滴头流量较小时水平扩散距离较垂直入渗距离大，随着滴头流量的增加，垂直方向上的重力势加强，垂直入渗距离也随之增大，进而出现湿润比值逐渐随着滴头流量的增加而减小的现象。就任一滴头流量而言，随着时间的递增，其湿润比值也逐渐变小。通过对湿润比与入渗时间的关系图进行分析，可知湿润比与入渗时间存在幂函数关系，可以用公式 $X_6/Z_6=At^c$ 表示，拟合两关系数据可得表 2-7，R^2 均在 0.99以上。

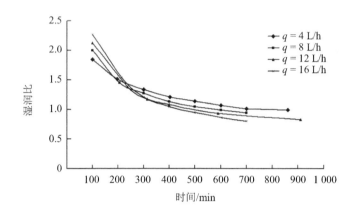

图 2-18　湿润比与入渗时间的关系

表 2-7　入渗时间与湿润比的幂函数关系

滴头流量/（L/h）	A	C	R^2
4	7.310	−0.299	0.997
8	11.474	−0.384	0.996
12	14.848	−0.432	0.992
16	27.175	−0.540	0.997

综合上述对湿润比的分析可知，滴灌过程中无论滴头流量的大小，随着时间的增加，湿润比值在减小，由此可知，湿润体的变化过程中，垂直入渗距离逐渐大于水平扩散距离。分析其主要原因如下：在灌水初期，当土壤的最大入渗能力小于滴头流量时，易在地表形成积水，受到土壤基质势和土壤吸水力的影响，然而此时水分的重力势影响不明显，所以水分在水平方向上运移的速度较快；随着时间的推移，灌水量不断增大，土壤中的含水量也不断增大，重力势也随之增大，所以随着时间的推移，垂直入渗距离逐渐大于水平扩散距离。

　　4）湿润体体积含水率分布规律

　　在灌水历时 4 h 时，我们已经分析了湿润体在垂直、水平方向上含水率的变化规律。下面我们以滴头流量为 16 L/h、灌水历时 6 h 为例，分析当灌水历时由 4 h 增加到 6 h 后，垂直、水平方向上含水率的变化规律，以及滴灌入渗过程与结束后的含水率分布规律。

由图 2-19 可知，滴灌过程中，在水平方向和垂直方向上，含水率的变化随着入渗距离的增加而减小，距离滴头距离越近，含水率变化幅度也越大，与灌水历时 4 h 时的变化趋势基本一致，但是每段距离的含水率增大值要较灌水历时 4 h 时大一些，而且所需的时间也比较短。

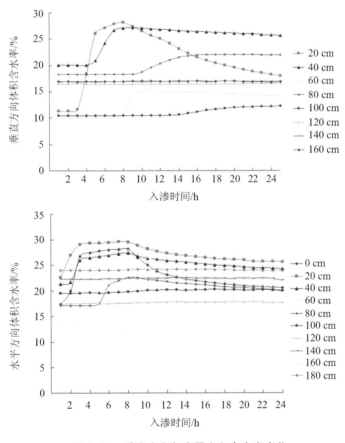

图 2-19　垂直方向与水平方向含水率变化

（3）滴头流量对湿润体体积含水率的影响

图 2-20 为相同的灌水量情况下不同的滴头流量对应的含水率等值线图，用绘图软件 SURFER8.0 对灌溉过程中各个 ECH_2O 水分探头实测的体积含水率进行绘制，绘制出灌水历时 6 h，滴头流量分别为 4 L/h、8 L/h、12 L/h、16 L/h 时的等值线图。对比四幅不同的含水率等值线图，可以得出在滴头下方以及平面上的含水率变化趋势和规律。

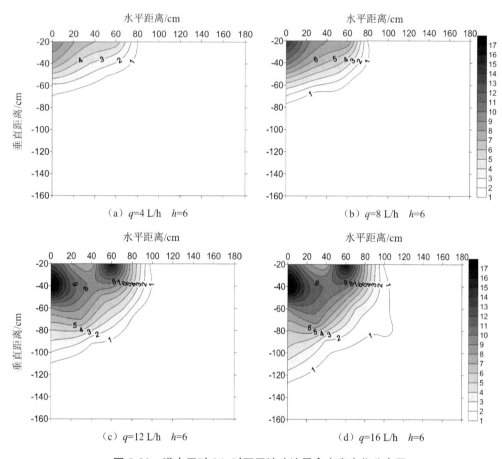

图 2-20 灌水历时 6 h 时不同滴头流量含水率变化分布图

当灌水结束后，各种流量下滴头正下方约 40 cm 的地方含水率达到最大值，距离滴头距离越近含水率等值线也就越密。从任一图中可知含水率变化值随着距离增加而变小，在灌水历时相同的条件下，滴头流量越大湿润体的范围也相应越大，含水率增大的速率也越快。湿润体中同一点的水分含水率随着滴头流量的增加而增大，以滴头处为原点、半径 20 cm 范围处，滴头流量为 4 L/h 时，下方的含水率变化值达到了 5%，随着滴头流量的增加，当滴头流量为 8 L/h 时该处的含水率变化值为 8%，当滴头流量为 12 L/h 时含水率变化值为 10%，随着滴头流量的再次增大，滴头流量为 16 L/h 时此处含水率变化值为 10.5%。可见当滴头流量 $q \leqslant 12$ L/h 时，在相同半径处含水率会随着滴头流量的增大而增加；当 $q > 12$ L/h 时，同一处的含水率变化不大。

（4）相同滴头流量不同灌水历时对湿润体特征值的影响

1）不同灌水历时对湿润体形状和湿润锋的影响

上面我们了解了在相同的灌水历时条件下，不同的滴头流量湿润体特征值的变化规律，当滴头流量一定时，随着灌水历时的变化，其湿润体的形状、湿润锋运移及平均运移速率、湿润体含水率的分布也都会发生相应的变化。通过对比图 2-8 和图 2-9，图 2-14 和图 2-15 可知，当 4 个滴头流量中某一滴头固定不变时，所形成的湿润体形状都会随着灌溉历时的增加不断增大，而且湿润体的形状更加接近直立的 1/2 的椭圆形，而且在滴灌过程中水平扩散距离和垂直入渗距离也随着灌水历时的增加而增大。以 $q=16$ L/h 为例，当灌水历时为 4 h 时，湿润体的水平扩散距离为 95 cm，垂直入渗距离为 96 cm；当灌水历时增加到 6 h 时，水平扩散距离为 100 cm，垂直入渗距离为 124 cm。

2）不同灌水历时对湿润锋平均运移速率的影响

上两节中我们分别了解了在灌水历时 4 h、6 h 时不同的滴头流量情况下，湿润锋运移速率与时间的关系，由图 2-10 和图 2-16、图 2-17 的对比可知，在相同的滴头流量条件下，垂直湿润锋平均运移速率随着灌水时间的增加而增快；水平方向上，在相同滴头流量情况下，湿润锋运移速率的变化受灌水历时的影响较小，但是从整体来看，灌水历时的增加使水平方向上的平均运移速率还是出现或多或少的提高。

3）不同灌水历时湿润比变化规律

湿润比是水平扩散距离和垂直入渗距离的比值，上面我们分别分析了灌水历时 4 h、6 h 时不同滴头流量条件下湿润比与入渗时间的关系。由图 2-11 和图 2-18 可知，当滴头流量不变时，湿润体的变化规律随着灌水历时的增加也发生变化，由两幅图可得，在灌水初始阶段，当滴头流量为 4 L/h、灌水历时 4 h 时，其湿润比值为 2.25；当灌水历时增大到 6 h 时，其湿润比值减小到 1.84；当滴头流量为 8 L/h 时，其湿润比值也由 2.37 减小到 2。由此可见，就单个滴头来说，地表滴灌所形成的湿润比值随着灌水历时的增加而减小，湿润比值的减小表示在滴灌过程中垂直入渗距离比水平扩散距离越来越大。在滴灌过程中后期灌水历时 4 h、6 h 时，在同一滴头流量中，湿润比值也随着滴灌时间的推移而减小，而且滴头流量越大湿润比值减小得也越快。

4）不同灌水历时体积含水率分布规律

由于受到基质势和重力势的影响，水分从原点进入土壤时随着时间的不断推移向四周扩散，在相同的灌水历时情况下，垂直方向与水平方向含水率的变化都受到滴头流量大小的影响。当滴头流量固定时，对比图 2-13 和图 2-20 可知，湿润体含水率的垂直方向上体积含水率的变化幅度和范围随着灌水历时的增加而增加，该方向上各个点的含水率变化值在两个灌水历时梯度中最大值差别不大；在水平方向上湿润体的分布范围没有发生明显变化，灌水历时增加后在同一处的含水率变化值也随之增加。

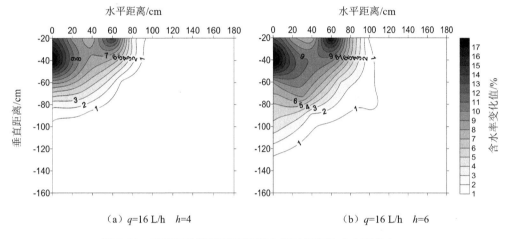

（a）q=16 L/h　h=4　　　　　（b）q=16 L/h　h=6

图 2-21　相同滴头流量下不同灌水历时湿润体含水率分布

图 2-21 为在灌水历时分别为 4 h、6 h 时，滴头流量相同条件下湿润体的含水率分布情况。由图中可以看出，湿润体含水率的分布范围随着灌溉历时的增大而增大，湿润体中同一点的水分含水率随着灌水历时的增加而增大，当滴头流量较大时，在相同的灌水历时条件下滴头正下方的湿润体含水率变化值区别不大；当滴头流量较小时，在相同的滴头流量情况下，滴头正下方的湿润体含水率会随着滴灌历时的增大而增大。随着距离的不断增加，逐渐一层一层地减小。

（5）地表滴灌条件下湿润体变化规律

1）在灌水量相同的情况下，湿润体的形状大小会随着滴头流量的增大而增大，水平、垂直方向上湿润锋的运移距离随着滴头流量的增加而不断增大。当滴头流量相同的情况下，湿润体的形状大小会随着灌溉历时的增加而增大。

2）当滴头流量≤12 L/h 时，水平扩散距离要大于垂直入渗距离，主要是因为在进行树下滴灌过程中，植物的根系会对土壤中运动的水分起到吸附和阻碍作用。同时结合实地土壤理化性质的结果可知，垂直 40~60 cm 的土层为红黏土层，对水分在土壤中的运移也起到了很大的阻碍；当滴头流量＞12 L/h 时，随着重力作用的加强，垂直入渗距离逐渐大于水平扩散距离，可见土壤中水分的运动主要受到基质势和重力势的影响。

3）在相同的灌水历时下，当滴头流量增加时，湿润锋的垂直距离和水平距离也都呈现出增加的趋势，但是水平距离的增加幅度要小于垂直距离；水平、垂直方向的入渗速率随着滴头流量的增加而增大；水平、垂直入渗过程中当 $q \geqslant 8$ L/h 时，灌水初期 100～150 min 的扩散速率与变化趋势基本一致，随着时间的推移，在两个方向的入渗距离出现了明显的变化。滴灌过程中水平扩散半径 $X(t)$、垂直扩散距离 $Z(t)$ 与灌水入渗时间呈幂函数关系，且可决系数（R^2）均大于 0.95。

4）滴灌过程中湿润比值都会随着时间的推移而减小，湿润体的变化过程中垂直入渗距离逐渐大于水平扩散距离。在滴灌入渗初期，湿润比值随着滴头流量的增大而增大；随着时间的推移，到达灌溉的中后期时，湿润比值随着滴头流量的增加而减小。湿润比值与入渗时间呈幂函数关系，且可决系数（R^2）均在 0.99 以上。滴灌过程中滴头流量的大小直接影响到湿润锋的运移速度，所以在不同滴头流量的前提条件下，垂直入渗速率超过水平扩散速率需要的时间也不同。当灌水历时相同时湿润锋的运移速率随着滴头流量的增大而增快；无论滴头流量大小，运移速率都会随着时间的推移逐渐减小。

5）灌水期间在水平方向和垂直方向上，含水率的变化随着入渗距离的增加而减小，距离滴头距离越近含水率变化幅度也越大，灌水结束后土壤中的水分并没有停止运移，随着时间的推移而不断地向两方向运动。在相同的滴头流量条件下，随着灌水历时梯度的增加，土壤中湿润体的体积不断增大，灌水历时的大小直接影响到含水率的分布范围。滴灌结束时，滴头正下方的含水率值最大，随着距离的逐渐增加含水率越低。距离点源中心越远土壤中的含水率也就越小。

6）在相同的灌水历时条件下，滴头流量越大湿润体的范围也相应越大，含水率增大的速率也越快。地表滴灌过程中，含水率会以滴头下方为原点，随着距离的不断增加逐渐一层一层地减小。当滴头流量相同时，水平、垂直方向的含水率会随着灌水历时的增加而增大，两方向上含水率值的变化大小也会随着灌水历时的增减而增减。

2.2.2.3　滴灌技术小结

（1）滴灌灌水量的确定

通过分析以上不同滴头、灌水历时条件下湿润体的运移分布可知，伴随着滴灌历时、滴头流量的增加，湿润体亦逐渐增大，不同灌水历时、滴头流量下 1/2 湿润体大小见表 2-8。

表 2-8　不同滴头流量、灌水历时条件下 1/2 湿润体分布区域

灌水历时/h	入渗方向	滴头流量/（L/h）			
		4	8	12	16
4	水平扩散距离/cm	65	80	83	95
	垂直入渗距离/cm	40	70	82	96
6	水平扩散距离/cm	80	80	98	100
	垂直入渗距离/cm	65	78	110	124

（2）1～3 年生树龄滴灌灌溉制度

滴头流量设计为 6～8 L/h，采用单滴头，灌水量为 80～100 L/株，灌水定额为 6.7～8.4 m³/亩，年灌水 10～12 次（含沟灌 1 次），灌溉定额为 155～175 m³/亩（以 84 株/亩计）。本书以青河县为例，其他地区根据气候条件适当调控。

①4 月底开始灌水，灌溉 1 次；

②5 月每 8～10 d 灌水 1 次，灌溉 3 次；

③6 月初—7 月中旬，每 6～8 d 灌水 1 次，灌溉 5 次；

④7 月中旬—8 月底，每 15～20 d 灌水 1 次，灌溉 2 次；

⑤9 月底冬灌水（沟灌 80 m³/亩）1 次。

（3）4 年生以上树龄滴灌灌溉制度

滴头流量设计为 6～8 L/h，采用双滴头，灌水量为 160～200 L/株，灌水定额为 13.4～16.8 m³/亩，年灌水 10～12 次（含沟灌 1 次），灌溉定额为 250～290 m³/亩（以 84 株/亩计）。灌溉时间和次数与 1～3 年生树相同。

2.3　施肥技术

沙棘根系与放线菌、分枝杆菌等共生形成大量根瘤，有比大豆更强的固氮能力，使沙棘成为一种肥料树。据辽宁省干旱地区造林研究所测定，沙棘每公顷结根瘤可达 750 kg；可固氮 180 kg，相当于 375 kg 尿素。大量的枯枝落叶，能提高土壤的有机质含量，一般可达 2%～3%，沙棘林地与农田比较，全氮增加 61%，全磷增加 14%，盐基代

换量增高 1%，土壤容重降低 0.03～0.07，土壤孔隙度增高 1.5%～2.6%，水稳性团粒结构增高 32%，可大大改善土壤理化性质，提高土壤肥力和蓄水功能，减少土壤侵蚀。据吉林省农业科学院土肥所在通榆县新华村沙地栽培沙棘试验，沙棘林区内每年平均固沙 2.2 cm，相当于每公顷沙地固沙 550 t，每公顷少流失表土有机质 787 kg、全氮 116 kg、全磷 72 kg。沙棘覆盖地面，可减少土壤表面蒸发，保持水土，使沙棘林地表层 0～10 cm、10～20 cm、20～30 cm 的土壤含水量分别比对照提高 192.25%、23.77%和 71.11%。一般情况下，施肥可以提高土壤肥力，改善幼林营养状况，增加叶面积，提高生物量的积累，同时也是促进沙棘结实的有效措施。沙棘幼林生长过程中，要从土壤里吸收大量养料，如果土壤中养分不足，往往会成为限制沙棘生长的因子。

（1）施肥时期及施肥量

沙棘种植园的施肥时期一般从栽植后第 3 年起，开始施用矿质肥料。秋季要施 200 kg/hm^2 过磷酸钙、50 kg/hm^2 硫酸钾；春季要施 100 kg/hm^2 硫酸铵，均在灌水或中耕前进行。这种施肥方法的安排主要是由沙棘生长过程决定的。春天，种植园里的沙棘主要靠上年积累贮藏的营养物质供给，开始迅速生长。在生长的前半期，营养物质消耗在开花、生根和长枝上，在此期间沙棘需要氮素供应。夏季后期，枝条停止生长，营养物质供果实生长和花芽形成用，并逐步由叶移向主干、树枝和根。这个时期需要磷肥和钾肥。因此，夏季前期施氮肥，而秋季则要施钾肥和磷肥。

对于种植园来说，施肥的一般要求是每 5 年施用有机肥一次，施用量 30t/hm^2；每 3 年施用矿质肥料 1 次，施用量为硫酸钾 50 kg/hm^2、硫酸铵 100 kg/hm^2。每 3 年根外追肥一次，N、P、K 的比率为 1∶1∶1，浓度 0.2%，施用量 60 L/hm^2。

（2）微量元素肥料的施用

叶面喷施微量元素肥料对果实内的生化含量有相当影响。有关试验资料表明，叶面喷施铜、钼、锰、碘、硼、钴或锌的水液，能使果实增重 9.1%～34.5%，但会降低果实含油量；碘、硼、钴或锌能使果内 VC 含量分别增长 32.4%、30%和 28.1%；铜和锰则分别能使胡萝卜素的含量增长 14.8%和 25.4%。

叶面喷施微量元素肥料的种类，取决于期望沙棘果增加的生物化学成分的多少。如想增加沙棘果内胡萝卜素的含量，就需喷施微量元素铜和锰；如想增加沙棘果实 VC 含量，就需喷施微量元素碘等。

有时，沙棘严重缺乏某种元素时，在外观形状上也能够明显反映出来。如中国沙棘、西藏沙棘、中亚沙棘和蒙古沙棘，有时出现叶片由绿变黄，最终变成黄褐色，严重者叶子枯萎等，这种症状是由于缺少多种微量元素造成的，可采用 1.0%的多元素肥对叶面进行喷施。有时云南沙棘和中亚沙棘叶部分出现死斑，叶尖卷曲皱缩，枝条变成畸形，缩成团状，这些症状是由于缺磷造成的，因此，可以通过叶面喷施磷酸二氢钾来防治。

（3）施肥应注意的有关事项

沙棘林地施肥并不是任何情况下都可获得显著效果，一般是对物理性状中等以上、肥力较低的土壤有成效。物理性状恶劣的土壤，对沙棘补充肥料往往是无效的；而在非常肥沃的土壤上施肥，则会产生养分的浪费。

沙棘幼林阶段林地杂草较多，施肥后部分营养物质被杂草夺去，只有少量可被幼树吸收。因此，种植园施肥应与除莠剂结合使用。有些肥料，如石灰氮可以兼起除莠剂的作用。

随着沙棘幼林的不断成长、种植园林地内枯落物的增多、腐殖层的加厚，土壤的酸性会逐渐加大，相应地对钙质肥料的需要量后期也会逐渐加大。钙质肥料的施用量视土壤酸度而定。特别贫瘠的土壤可进行施肥。本章中仅对有机肥进行了试验。

2.3.1　材料与方法

（1）试验地概况

在青河县国家大果沙棘良种繁育基地，土壤为沙土，有机质含量低，养分含量总体处丁较低水平，有效氮含量低于 26 mg/100 g，有机质含量介于 5.2～7.8 g/kg 之间，速效磷含量介于 3～5 mg/100 g 之间，速效钾含量为 48～112 mg/100 g。

（2）试验材料

采用腐熟羊粪、腐熟牛粪、油渣（葵花渣）、混合厩肥，对照为不施肥；选择地势平坦、形状整齐、肥力均匀的地块，每块试验地面积为 15 亩，重复 2 次，实验对象为 4 年生沙棘（深秋红），株行距为 1.5 m×4 m。

（3）试验方法

2014 年 6 月 15 日，在沙棘树一侧 50 cm 处开沟，沟深 30 cm，开沟埋施，覆土掩埋。腐熟羊粪、腐熟牛粪、混合厩肥每亩施肥 2 m³，油渣为 200 kg/亩。

（4）田间管理与观察

田间管理采用常用管理方法，管理方法一致。

2.3.2 结果与分析

2015年9月25日，每个处理随机抽取10株进行测产，试验收获和记产做到准确无误，每个处理单打、单收、单记产，重复2次，见表2-9。

表2-9 不同施肥处理的亩产量 单位：kg/亩

处理	腐熟羊粪	腐熟牛粪	油渣	混合厩肥	对照
重复一	470.4	452.9	422.5	416.5	387.4
重复二	457.8	435.7	412.3	413.9	412.3
平均	464.1	444.3	417.4	415.2	399.8

由于沙棘基本不需施肥，仅对有机肥进行了简单试验，未对化肥进行试验。但从试验结果看，追施有机肥对沙棘具有明显的增产作用，从亩产量数据看，腐熟羊粪的效果最好，显著高于对照；腐熟牛粪稍低于腐熟羊粪，但明显高于对照，原因可能是羊粪的肥效时间长于牛粪；油渣高于对照但不显著，原因可能是施肥量较少，肥料效果不明显；混合厩肥与油渣相同，高于对照但不显著，原因是含草量较多，达40%以上，肥效不及羊粪和牛粪。

在2014年施完肥料后，至2015年，树势和叶色与对照相比，有向好趋势。

2.3.3 施肥技术小结

1）追施有机肥对大果沙棘果树的生长具有显著的促进作用，但肥种不同效果不同。

2）有机肥的使用能够在一定程度上增强大果沙棘果树的树势，提高土壤肥力，促进土壤中有机质的保持，降低土壤pH，使之转变为更适合大果沙棘生长的土壤。

3）1～3年生沙棘可适当追施化肥，可增加生长量，扩大树冠，尽早成形；4年后追施有机肥，可提高产量，改良土壤结构。

2.4 栽培模式

合理地确定栽培模式可以提高单位面积产量。但合理的栽培模式受到沙棘品种、地形条件、气候条件、管理措施等的影响，为此要综合考虑各种因素，根据树冠型、修剪方法、间作年限、机械化程度等确定。而株行距的大小，则取决于树体的发育状况，而树体的发育状况与两种因素有关：一是与立地条件有关，立地条件好，树体发育就良好，灌丛庞大，可适当稀植；立地条件差，树体发育矮小，可适当密植。二是与栽植材料的本身特性有关，不同沙棘品种在同一立地环境下，其表现也不相同。本试验研究了沙棘品种、栽植密度、修剪等对沙棘生长的影响，确定了合理的栽植密度，总结出沙棘标准化栽培模式，为推进沙棘标准化栽培提供了依据。

2.4.1 试验材料

试验地选在阿勒泰青河县大果沙棘良种基地标准化栽培示范区，选取深秋红、新棘1号、新棘3号、向阳、阿尔泰新闻5个沙棘主栽品种，肥料选择磷酸二氢钾、过磷酸钙、尿素等。

2.4.2 结果与分析

2.4.2.1 5个沙棘品种主要经济性状

5个大果沙棘品种，其综合经济性状优良，为栽培型品种主栽品种。5个品种主要经济性状见表2-10。

表2-10 各沙棘品种主要经济性状

品种	果柄长/cm	百果重/g	果实密度/（果树/10 cm）	单株产量/kg	棘刺（2a生枝系）	成熟期
深秋红	0.35	60	62.5	7.8	少刺，刺微软	10月上旬
新棘1号	0.41	65	65.8	7.0	无刺或少量长棘刺	9月中旬
新棘3号	0.6~0.7	84	47.5	8.1	少量棘刺	9月中旬
向阳	0.5~0.6	59	48.7	7.5	少刺	8月中初
阿尔泰新闻	0.38	69	55.0	6.5	少刺	8月底

2.4.2.2 不同栽植密度对沙棘果实产量的影响

栽植密度与沙棘树的生长及果实产量密切相关。沙棘速生期一般出现在第2~5年，连年生长量高峰期基本出现在 3～4 龄之间，平均生长量的最大值大都出现在第 4 龄，年平均生长量和连年生长量总的发展趋势都是先增加，到达生长高峰后逐年降低。沙棘植株的树木成熟年龄为第 4～5 龄，1～3 年属营养生长期，第 3～4 年开始结果，但结果量不大，第 5 年开始进入旺果期。由于土壤条件和管理的不同，进入衰退期的时间也不一样，一般树龄 15 年后进入衰退期。我们选择 10 年生沙棘林，统计不同品种在不同栽植密度下的产量，见表 2-11。

表 2-11　不同的栽植密度对沙棘产量影响统计

产量	株行距/m	品种				
		深秋红	新棘 1 号	新棘 3 号	向阳	阿尔泰新闻
亩产量/kg	1×3	502.6	423.7	562.3	490.3	405.4
	1.5×3	610.8	503.7	613.2	598.3	431.6
	2×3	802.6	758.6	821.7	798.6	702.3
	1×4	540.3	486.3	612.2	511.4	415.7
	1.5×4	670.4	610.4	689.9	624.8	530.5
	2×4	632.4	602.3	702.8	625.3	598.7
单株产量/kg	1×3	2.7	2	3.1	2.5	2
	1.5×3	4.5	3.7	5.2	4.1	3
	2×3	7.8	7	8.1	7.5	6.5
	1×4	3.6	3.1	4.2	3.3	2.6
	1.5×4	7.2	6.2	7.8	6.7	4.8
	2×4	8.5	7.8	9.1	8.1	7.5

由表 2-11 可以看出，5 个沙棘品种在不同栽植密度下亩产量存在很大的差异。其中 2 m×3 m 亩产量最高，2 m×4 m 单株产量最高。株行距为 1 m×3 m、1 m×4 m 时，树冠扩展相互交叉，林冠郁闭度加大，通风透光能力差，影响树体的生长发育，纤细瘦弱枝干枯死亡，结果部位上移，果实总产量下降，果实的品质也受到影响，在光照不足的林地内，沙棘根蘖苗的产生和数量也受到极大限制。

2.4.2.3 不同栽植密度对沙棘植株生长势的影响

不同的栽培密度，植株所占的营养面积不同，植株间的生长势存在很大差异。果树树冠内集中分布并形成一定形状和体积的叶群体，称为叶幕，叶幕的形状、大小、厚薄、稀密情况直接关系到沙棘果树的产量。如果果树的叶幕间距、厚度适当，通风透光好，光合效能高，合成产物多，那么果树的挂果量就高。而如果果树的叶幕厚、层数多，树冠内光照差，无效叶比例高，不但会影响到果树的产量，还会影响到果实的质量。株行距1 m×3 m、1 m×4 m时，林冠郁闭度过大，树冠内通风透光能力差，树体瘦弱纤细，无效叶多，不利于沙棘树的生长发育。

因此，较合理的栽植密度是 2 m×3 m，可获得沙棘果实高产稳产。2 m×4 m，可用于机械化作业，又便于同时在行间空地间作低矮农作物，如大豆、马铃薯等，以提高对土地的利用率，增加单位面积的总体经济效益。

2.4.2.4 授粉树配置

沙棘为雌雄异株，授粉树应选择生长势强、节间短、无刺或少刺、花芽密集、花粉量大、花期一致的优良雄株，如阿列伊。新棘5号可作为阿列伊的替代品种使用。雌雄株比例一般是8:1，株行距2 m×4 m，同时周围防护林也可以采用一定量的沙棘雄株，或在主风方向栽植一行沙棘雄株，以防授粉不足，授粉配置图见图2-22。

♂♀♀♀♀♀♀♀♂♀♀♀♀♀♀♀♂
♂♀♀♀♀♀♀♀♀♀♀♀♀♀♀♀♂
♂♀♀♀♀♀♀♀♀♀♀♀♀♀♀♀♂
♂♀♀♀♀♀♀♀♂♀♀♀♀♀♀♀♂
♂♀♀♀♀♀♀♀♀♀♀♀♀♀♀♀♂
♂♀♀♀♀♀♀♀♀♀♀♀♀♀♀♀♂
♂♀♀♀♀♀♀♀♂♀♀♀♀♀♀♀♂

图 2-22　沙棘雌雄株配置方式

2.4.2.5 人工辅助授粉

在授粉前2～3 d，采集授粉品种的花枝，在光面纸上摊薄阴干，温度保持在20～25℃。1～2 d后花药开裂散出花粉，将其装入干燥小瓶内，0～5℃条件下避光保存备用。在盛花期，将花粉与滑石粉或淀粉按体积1:100的比例混合均匀，用喷粉器喷授。

2.4.2.6　雌雄配置方式与果实产量的关系

果实的丰产性与授粉雄株配置比例有很大关系，试验表明：授粉雄株只要花期与栽培品种一致，又有足够的花粉量，那么雄株对果实产量的影响不明显。在同一种植园中，采用2个雄株品种进行授粉，效果较为理想。本试验对参试的授粉雄株花期、花粉量、花粉生活力进行了观测调查，并用不同雄株与良种沙棘雌株进行授粉试验，调查其结实率，从中选择优良授粉雄株，配置比例选择6∶1、8∶1、10∶1和15∶1，调查其单位面积产量，结果见表2-12。

表 2-12　雌雄株配置对沙棘生长及果实产量的影响比较

雌雄株比例	6∶1	8∶1	10∶1	15∶1
单株产量/kg	6.89	7.02	6.39	6.05
亩产量/kg	564.9	631.62	598.9	489.6

由表2-12可以看出，4种雌雄株配置比例都能够使雌株授粉，单株产量和亩产量差距较低。单株产量最高的雌雄株配置比例为8∶1。配置比例为6∶1的栽培园，雄株占15%，相对而言，雄株比例略高，虽然授粉良好，但单位面积产量相对较低。配置比例为15∶1的栽培园，雄株比例较少，占6.3%，授粉不良，坐果率低，使单位面积产量下降。比较适宜的雌雄株配置比例为8∶1和10∶1，即雄株在园中所占比例分别为12%和9%。

2.4.3　栽培模式小结

1）沙棘标准化栽培合理栽植密度为（1.5～2.5）m×4 m，采用沟植沟灌方式，建园式栽培模式，可以多年获得沙棘果实高产稳产，又便于机械化作业。

2）采用雌雄比按（8～10）∶1进行配置，行间或株间配置皆可，雄株（阿列伊、新棘5号）可任选1个或2个混用（我们选育的主栽品种花期与雄株花期一致）。

在种植方面，我们设计了一种沙棘种植装置，使得在种植沙棘过程中修剪效率和灌溉效率更高，省时省力，自动化程度大大提高。

目前在种植沙棘过程中，都是通过水车运输水然后再进行人工浇水，不仅人工成本偏高，且水车在盐碱地和沙漠上行走较为困难。在灌溉过程中，主要凭借工人经验确定浇水量，方式较为原始，种植不够精确和科学。

目前在种植沙棘的过程中，灌溉和修剪都是通过人工进行，存在效率低、种植过程不够科学的问题。

为了克服上述技术的不足，我们设计了这款沙棘种植装置（图2-23）。

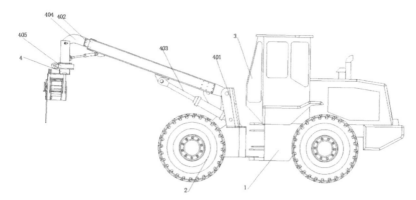

1—车体；2—车轮移动机构；3—操作室；4—方向调节机构；401—组装座；402—伸缩机械臂；

403—降油缸；404—吊耳；405—万向旋转座

图2-23　沙棘种植装置的结构示意图

与现有技术相比，该装置具有以下显著效果：适合在种植沙棘的沙漠、盐碱地等凹凸不平的地理环境下行走，车轮移动机构可以轻松通过不平坦的地段；修剪机构可以多角度进行修剪，适合不同情况下的修剪需要；操作人员在操作室内就可以观察到要修剪树枝的情况，同时进行有效修剪，大大提高了修剪的自动化程度，修剪效率更高，省时省力；灌溉时通过方向调节机构可以自由调整浇灌高度和角度，使得浇灌更加均匀，能通过电动截止阀调节浇灌水量，更加科学合理。

第 3 章

沙棘有害生物防控技术

病虫害综合防治是从果园生态系统出发，以预防为主，以生态调控和健康栽培技术为基本措施，协调应用生物、化学、物理等手段防治病虫害，因地因时制宜，达到安全有效控制病虫害、减免损失、保护环境、维护生态平衡目的的管理技术措施。沙棘病虫害防治方面的防治技术在国内很少，近几年在新疆因为绕实蝇的危害，让我们对沙棘病虫害进行了认真的研究，并提出了相应的防控措施。

3.1　大果沙棘虫害防治技术

3.1.1　沙棘绕实蝇的危害及防治措施

沙棘绕实蝇属双翅目实蝇，是一种钻蛀性有害生物，也是危害沙棘果实重要检疫性害虫，是沙棘种植基地内危害最严重的害虫，大面积发生时可使果实减产80%以上。绕实蝇主要以幼虫蛀果为害，导致果实成熟前大量脱落或腐烂，严重影响果品的产量和质量。该虫害主要发生在新疆阿勒泰地区，2014—2015年连续在阿勒泰地区布尔津县的城东沙棘种植基地、城南沙棘种植基地、哈巴河县克尔达拉沙棘种植基地的人工沙棘林发生，当时受灾害面积达到1万多亩。

3.1.1.1　调查方法及范围

我们在该害虫危害严重区建立3个标准点进行检测，详细观察了绕实蝇的生活史、习性、危害特点及防控措施等。经过2年的认真调查和研究，收集了大量的材料和数据，这些第一手资料和数据的获取为我们以后在绕实蝇的防治及预防方面打下了良好基础。

（1）调查方法

设标准地（15 m×15 m），对标准地内每株林木详细调查，安装网箱、黄板和诱捕器并与采集虫态标本相结合进行调查获取。主要详查该虫的危害程度、成灾情况、危害面积、生物学特性、天敌种类和防控效果等。观察地点在布尔津县城东沙棘种植基地、哈巴河县克尔达拉沙棘种植基地及部分野生沙棘林区，调查的品种为深秋红，同时一起调查了沙棘地周围的沙枣、铃铛刺、杨树、柳树、胡杨等其他树种。

（2）调查范围

组织开展沙棘绕实蝇的虫情调查和监测。其中人口密集的城镇、大中型水果交易市场或集散地周边地区 3 km 以内该虫可寄生的沙棘种植基地、沙棘加工厂、果园及主要省道两侧 1 km 范围内该虫可寄生的区域,我们将虫害发生地周边 15 km 范围内该虫可寄生的果园作为重点调查监测区域。最后确定沙棘绕实蝇的适生区为布尔津县、哈巴河县。

3.1.1.2　虫情调查

（1）成虫期调查

成虫期调查主要以诱捕器或粘虫黄板调查为主,即以诱捕到的成虫数量来调查发生状况。经检测,羽化期在每年 6 月 15 日开始,7 月 20 日左右结束。经过粘虫黄板调查发现,7 月 1—5 日是成虫出现的高峰期,用不同粘虫黄板发现每天都有 350～650 只的成虫,到了 7 月 6 日就开始逐步减少,挂 20 d 黄板总共才诱捕到 1 300～1 500 只成虫。

调查点的选取:在掌握本地绕实蝇寄主分布情况的基础上,在种植地、交通、水果流通渠道等环节上选取了具有代表性的调查点。在虫害发生地,根据绕实蝇危害程度及调查的需要分别选取不同的果园作为调查点,以调查掌握绕实蝇的种群动态;重点选择方圆 15 km 内的果园作为调查点,调查掌握该虫的传播扩散情况。

诱捕器及诱芯的选用:诱捕器使用简单,诱芯的载体中空,每个重 0.3～0.5 g;每个诱芯的性信息素含量不低于 0.001 g,纯度 90%～97%。成品诱芯应放置在密闭塑料袋内,保存于冰箱中（冰箱温度控制于 1～5℃）,保存时间不超过 3 个月。

诱捕器安放位置:诱捕器应安放于绕实蝇的寄主植物沙棘上,若没有寄主植物,也可安放于其他树木上。诱捕器的悬挂高度一般为果树树冠上部 1/3 处通风较好且稍粗的枝条上,距地面高度不低于 1～1.5 m。

悬挂密度:每个调查点设置 5 个诱捕器或粘贴黄板（粘贴黄板每 5 m 挂 1 个）,每个诱捕器的调查控制面积不少于 1 亩。

诱捕器或粘虫黄板的检查与维护:及时清理粘虫板上的昆虫及植物残片。如在检查中发现诱捕器丢失或损坏,应及时补换。沙棘绕实蝇诱芯每 3～4 周更换一次,粘虫胶板根据粘虫数量进行更换。

数据记录调查,每 3～5 日检查诱捕器和粘虫黄板的诱捕情况,记录诱捕结果（填写成虫调查表）。

（2）幼虫期调查

幼虫期调查主要采用抽样调查的方法,即通过抽样方法确定绕实蝇幼虫的蛀果率及危害状况。

调查时间：在每年的 7 月中旬至 8 月 25 日进行抽样调查。幼虫 7 月中旬开始初次孵化，一直到沙棘果实成熟，也就是 8 月底为孵化盛期，我们利用这段时间进行调查。

调查点的选取：调查点选在成虫调查点附近，以便幼虫调查结果能够与成虫诱捕器或粘虫黄板调查结果进行较准确比较，并能相互补充。

取样方法：采用棋盘式取样，每块样地随机取 10 个样点；在各个样点选取同一品种深秋红，用目测检查的方法调查 100 个果实的寄生率，寄生数量最多有 39 条，一般在 10～25 条不等。另外，选取 10 株沙棘深秋红品种的树，每年 8 月中旬开始调查沙棘树冠下及土壤内诱集越冬的幼虫情况。

（3）卵期调查

卵期调查主要通过调查绕实蝇寄主的果枝确定该虫的产卵情况。一般在寄主阳面和背风处的果枝上产卵量大，时间在每年的 8 月中旬前后，雌虫先找到合适产卵的果实，一般为表皮已经变软的果实，雌虫在果皮上爬行几分钟后，通过导卵器于果实表皮下 1 mm 处（果肉内）产卵。

（4）蛹期调查

越冬蛹全数调查，调查时间在早春土壤解冻后，约每年 5 月下旬前后成虫羽化前进行，蛹羽化出土前在样地内设置长、宽、深为 40 cm×40 cm×（10～15）cm 的样方 5～10 个，调查样方内的活蛹数。调查发现，一般每个样方越冬活蛹数达 40～50 头。

3.1.1.3 调查与防控结果

经过 2 年的监测、观察，发现沙棘种植基地发生的沙棘绕实蝇在 2～3 龄期间的老熟幼虫危害最严重，对沙棘种植基地的产量影响较大，严重破坏沙棘果实。沙棘绕实蝇主要在人工林中发生较严重，野生林较轻，我们通过使用科学防控减轻了受害面积并收到了一定的效果，但还没有完全控制虫害，需要进一步加强对绕实蝇的监测和防控防治工作。

（1）沙棘绕实蝇生物学特性

1）形态特征

成虫：雌成虫体长 4～5 mm，黑色，背部有 1 条百色板斑块，复眼绿色，触角具芒状，第三节粗大，椭圆形至长圆形。中胸背面横排 5～6 列刚毛。胸部和腹部均生有较密的黑褐色短毛。前翅具有 4 个黑色斑块。雌成虫比雄成虫体型大，腹末较尖削，腹背有 4 条黑色条纹。雄成虫复眼黑，翅膀透明有 4 条黑色斑块，雄成虫腹末圆钝，腹部背面有 3 条百纹，前 2 条较粗，后 1 条细并且延伸至腹面，第四五腹节背面黑色。

卵：梭形，初产水滴状润白，后白色，长 0.4~0.5 mm。

幼虫：白色，长 3~5 mm，无足型，无头。体躯尾端粗，前端稍细，略呈楔形，每一体节有一圈钩刺，体前端具黑色口钩，在口钩基部左右各有一唾腺。整个躯体稍呈半透明状，透过体壁可见消化道内有断线状黑褐色食物消化残留物。

蛹：椭圆形，长 4~6 mm，褐黄色，初时淡黄，后颜色加深，近羽化时深褐色，见图 3-1~图 3-6。

图 3-1　沙棘绕实蝇雌成虫

图 3-2　沙棘绕实蝇雄成虫

图 3-3　沙棘绕实蝇雌成虫正在产卵

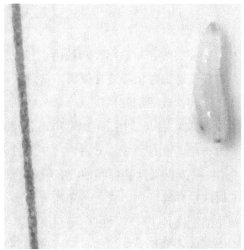

图 3-4　沙棘绕实蝇幼虫

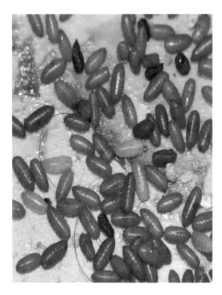

图 3-5　沙棘绕实蝇幼虫正在化蛹

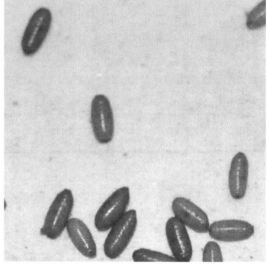

图 3-6　沙棘绕实蝇蛹

2）生活习性

沙棘绕实蝇在新疆阿勒泰地区 1 年发生 1 代，以蛹在土内越冬，成虫产卵于沙棘果的果皮下，幼虫孵化后蛀食果肉，常致受害沙棘果实只剩外面的果皮而干瘪。绕实蝇在沙棘果实初次成熟期的果皮上产卵，卵期为一周，约在 7 月中到月底，幼虫孵化后进入果实内，取食果肉。幼虫期 20～30 d，老熟后到土壤表层以被膜作假茧，以蛹土内越冬，蛹期为每年的 9 月至翌年 6 月，共 9 个月之多。成虫为舐吸式口器，主要以舐吸水果汁液为食，对发酵果汁和糖醋液等有较强的趋向性。生存温度以 25℃ 左右为最适宜，高于33℃时成虫陆续死亡。成虫飞翔能力较强，多在背阴和弱光处活动，多数时间栖息于杂草丛生的潮湿地里。雌成虫交尾一次便可终生产卵，雌成虫交尾后 24 h 可产卵。雌虫先找到合适的产卵果，然后通过导卵器产卵于表皮下 1 mm 处。1 只雌虫一般每果产 1 粒或数粒卵，卵如炮弹状镶在果肉内。卵在 25℃ 条件下发育，20 h 后可陆续孵化，40 h内孵化完毕，孵化率为 94%～96%。孵化时幼虫凭借自身的蠕动和口钩的力量破卵而出，开始在果肉汁液里蠕动，并挥动口钩取食。幼虫分 3 龄，25℃ 左右时 1 龄、2 龄幼虫发育期各 1～2 d，3 龄 3～7 d 可发育为老熟幼虫。

幼虫发育至老熟时停止取食，开始爬动寻找化蛹场所。果实内的幼虫出果后，在果面上先是爬行几分钟，后跌落地面，在地面爬行寻找土壤松软处入土，在土壤内 1～3 cm 潮湿处化蛹。地面上腐烂食物上的足龄幼虫，入土化蛹或在腐烂食物上直接化蛹。温度在 15℃以上时，这些蛹均能正常羽化，羽化率为 95%～97%，土壤内深在 3～5 cm 处。

（2）沙棘绕实蝇危害

沙棘绕实蝇主要以幼虫在果内取食果肉，危害沙棘果实，虫口密度最高峰期达到 750～900 头/株，最严重时，每 100 个沙棘果实有 40～60 条幼虫。绕实蝇幼虫先把沙棘果实内果肉全部食光后留果皮，第一个沙棘果肉吃光后出去危害第二个沙棘果实，在成虫期间通过风力传播和扩散威胁附近的其他沙棘果实。该虫最危害时，把一片树冠果实全部食光后再迁到另外一片沙棘林开始危害，把每个沙棘果实的果肉食光仅留果皮和果柄。

图 3-7　沙棘绕实蝇为害状

图 3-8　被沙棘绕实蝇危害的沙棘果

图 3-9　沙棘绕实蝇幼虫为害状

图 3-10　沙棘绕实蝇老熟幼虫侵入孔

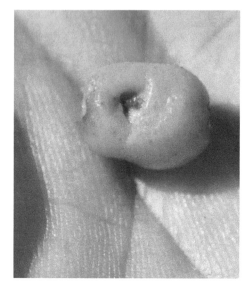 

图 3-11　沙棘绕实蝇侵入孔　　　　　图 3-12　沙棘绕实蝇为害后的羽化孔

3.1.1.4　防控措施

（1）营林防治

秋翻、春灌可改变老熟幼虫生活环境。经秋翻可以使老熟幼虫暴露土表或深埋下层，降低老熟幼虫越冬存活率。春灌可消灭或减少成虫出蛰。

（2）物理防治

在成虫高峰期用粘贴黄板防治效果最好，同时也可用诱虫灯和诱捕器等诱杀成虫，减少虫害来源。

（3）人工防治

树干堆土阻止成虫出土。4 月下旬，在距离主干 1 m 范围内，培高约 10 cm 的土堆，拍打结实，防止羽化成虫出土。9 月中旬可在树冠下覆盖塑料薄膜，阻止幼虫入土越冬。在沙棘幼虫发生初期，及时摘除虫果，集中药剂除害或集中销毁。

（4）化学防治

可采用树冠喷药防治的方法。当果实受害率达 5% 时，进行树冠喷药防治。每年初次孵化期间选用 0.3 印楝素乳油 3 000 倍液、20% 氰戊菊酯乳油 2 000 倍液、20% 吡虫啉水剂、1.2% 烟参碱乳油 1 000 倍液等药剂，早上或晚间喷雾。

3.1.2 蛀干害虫红缘天牛的危害及防治措施

红缘天牛（*Asias halodendri* Pallas）分布于我国东北、内蒙古、甘肃、宁夏、陕西、河南、河北、山东、山西等省区和俄罗斯、蒙古、朝鲜等国家。主要危害沙棘、刺槐、锦鸡儿、小叶榆、家榆、欧美杨、旱柳、枸杞、沙枣、柠条、枣、梨、苹果等。针对沙棘植株被害死亡率高达 93%，是沙棘生长过程中危害严重的蛀干虫害。该虫目前在阿勒泰地区尚未发现。

3.1.2.1 形态特征

成虫体长 11～19.5 mm，体宽 3.5～6 mm，体狭长，黑色，触角细长，雌虫的触角与体长约相等，雄虫触角约为体长的 2 倍，前胸背面刻点稠密，排列均匀，呈网纹状，被灰白色细长竖毛。鞘翅狭长且扁，两侧缘平行，末端圆钝，鞘翅基部有一对朱红色斑，外缘自前至后有一朱红色穿条。翅面的刻点较胸部的小，翅面被黑褐色的短毛。卵扁豆形，灰褐色，表面土黄色，形似一个溅在树上的泥点。幼虫体长 22 mm 左右，乳白色，前胸背板前方骨化部分深褐色，共 4 段，上面生有较粗的褐色刚毛，后面非骨化部分呈山字形。

3.1.2.2 红缘天牛危害特征

该虫 1 年 1 代，以幼虫在被害树干内越冬，次年 5 月上、中旬老熟幼虫开始化蛹，5 月下旬、6 月初蛹开始羽化，成虫白天活动，但飞翔力较弱。成虫多产卵于粗糙不平的主干中部，卵孵化后，幼虫先蛀入表皮下危害，逐渐深入到木质部形成变宽的虫道，并将黄色的粪屑推出，9 月下旬至 10 月初停止活动，在隧道端部越冬。据调查，红缘天牛多在幼虫阶段蛀食生长势较弱的沙棘树干，此危害在新疆发生率级少。

3.1.2.3 防治方法

①加强沙棘园的抚育管理，进行树体修剪、松土翻耕、科学施肥浇水等农业措施，提高沙棘园栽培管理水平，促进树木生长强健，提高树体的抗虫性和耐虫性。

②成虫期树冠喷药：成虫一般在白天活动，而且飞翔能力弱，在虫害严重的情况下，可以采取成虫期树冠喷药防治。可用高效氯氰菊酯等杀虫剂喷雾处理，杀虫率可达 90%以上。

③幼虫期防治：以树干打孔向里注射内吸性杀虫剂，即"打针法"，杀虫效果最好、最经济。施药的具体方法是：5 月下旬，在离地面 10～30 cm 高的主干上围绕树干中心

打倾斜度为 45°的孔（或利用虫孔），钻孔数目根据树龄大小而定，一般可钻孔 2～4 个，用注射器将配好的药液注入孔内，每孔注射 2～4 ml 药液即可。试验结果表明，杀虫率可达 90%。这种方法可兼治沙棘蚜虫、木虱、茶翅等多种刺吸式害虫。

④在成虫羽化前，平茬被害沙棘丛，集中烧毁。

⑤检疫控制：在红缘天牛严重发生的疫区和保护区之间应严格执行检疫制度。

⑥保护天敌：啄木鸟专食天牛等蛀干害虫，能有效减少虫密度，应对其进行保护和人工招引。管氏肿腿蜂寄在天牛幼虫体内，杀死天牛，放蜂量与林间幼虫数按 3∶1 掌握，蜂在林间保存繁殖，持续防治效果良好。

3.1.3　沙棘木蠹蛾的危害及防治措施

沙棘木蠹蛾 [*Holcocerus hippophaecolus*（Hua，Chou，Fang et Chen）]，为鳞翅目木蠹蛾科线角木蠹蛾属的一个物种，主要危害沙棘、沙柳、榆、山杏、沙枣等。寄主根部被蛀食后，充满木屑和虫粪，致整株枯死。1986 年在辽宁省首次被发现，1986 年内蒙古乌兰察布盟部分沙棘天然林受该虫危害，平均受害率占 23.8%。2001 年，沙棘木蠹蛾在辽宁省西部暴发成灾，多数林分沙棘个体死亡率达到 50%以上，有虫株率 80%以上，虫口密度 20 头以上。于海伦等的分析认为，新疆大部分地区有沙棘木蠹蛾入侵风险，吐鲁番盆地、伊犁地区、阿勒泰地区、克孜勒苏、喀什地区、和田地区均适于沙棘木蠹蛾生存，且多地区为高度适生区。

3.1.3.1　沙棘木蠹蛾的形态特征及习性

沙棘木蠹蛾成虫体长 17～19 mm，翅展 38～39 mm，成虫个体较小，触角丝状，伸至前翅中央，领片浅褐色，胸中央灰白色，两侧及后缘、翅基片暗褐色。腹部灰白色，末节暗黑色。前翅窄小，外缘圆斜，臀角抹圆，底色暗，有许多暗色鳞片，前缘有一列小黑点，整个翅面无明显条纹，仅端部翅脉间有模糊短纵纹，缘毛格纹明显，其基部有一白线纹，后翅浅褐色，无任何条纹。虫体腹面与翅同色，为浅褐色。中足胫节 1 对距，后足胫节 2 对距。附节腹面有许多黑刺。

沙棘木蠹蛾生命周期长，幼虫发育期也长，一般 4 年发生 1 代，跨 5 个年度，龄期达 13 龄，虫体增长幅度大。老熟幼虫 5 月上旬入土化蛹，成虫始见于 5 月末，终见于 9 月初，期间经历两次羽化高峰，分别为 6 月中旬和 7 月下旬。卵集中产在树皮裂缝、伤口等处，孵化率达到 90%以上，卵期 16 d，幼虫常常十几只至上百只聚集在一起，且具有转移危害的习性。老熟幼虫在树基部周围的土壤中化蛹,化蛹深度在地下 10 cm 左右,蛹期 31 d。雄虫寿命 2～8 d。

3.1.3.2 沙棘木蠹蛾的危害特征

(1) 当年生幼虫危害

沙棘木蠹蛾的卵期很短,约 16 d,卵孵化后,除孵幼虫以产卵处为中心,在树皮上向四周咬食韧皮部和形成层,在树皮表面可清晰看到从产卵处排出的成堆虫粪,虫粪呈粉末状或细屑状。当孵幼虫在树皮下围绕树干危害一周后,便切断了树体输送水分、养分的通道,造成枯枝。初孵幼虫在枝干部危害一段时间后,随着气温的降低,开始向根部转移,绝大多数初孵虫是以树皮表面枝干向下爬行,在干基部地表处钻入土中,进而危害地下根部,极个别情况,初孵幼虫可以在最初的产卵位置直接钻蛀木质部,甚至钻蛀髓心,并沿髓心向下转移。初孵幼虫在根部的不同位置钻蛀一条较窄的孔道,蜷缩成"C"字形,也有的在根表面吐丝做茧准备越冬。

图 3-13 沙棘木蠹蛾

(2) 非当年生幼虫的危害特性

非当年生幼虫绝大多数集中在地下根部危害,只有极个别的停留在干基部危害。非当年生幼虫在地下根干部钻蛀出多条纵向的蛀道,蛀道长度一般不超过 20 cm,多个蛀道的形成导致树体极易风折。还有一部分地下幼虫在根皮与木质部之间危害韧皮部和形成层,严重者可使皮层全部脱落,失去疏导功能而形成枯立木。

3.1.3.3　防控措施

（1）开展对沙棘木蠹蛾全方位的虫情监测

在沙棘木蠹蛾发生区和未发生区，以各级森林病虫害防治检疫站（以下简称森防站）和乡镇林业站为主体建立健全虫情监测网络，实行常年虫情动态监测。

防治方法：夏季日均温在 21～25℃时，以每株 1 丸（3.2 g）的磷化铝，进行熏蒸防治，防治效果可达 82.61%。此外，还有性引诱及天敌防治等方法，其中重要天敌有毛缺沟姬蜂（*Lissonota setosa*），属幼虫期单寄生天敌，寄生率达 10%以上。

（2）营林措施

刨出根茎，留下主根。留下的主根和水平根萌蘖不足的可采取补植的办法。平茬应选择在 5—6 月，这样既有利于根茎的挖出，又有利于根系的萌蘖，同时，挖出的根茎要经过处理，将幼虫消灭。对沙棘纯林密度较大的林分，结合卫生伐，伐除被害木，消除伐根，集中烧毁。

（3）生物防治

筛选专化性强的白僵菌株进行人工繁殖，选择雨后湿润的天气施放。积极探索保护和利用毛缺沟姬蜂、猪獾等天敌进行生物防治的办法。

（4）物理防治

灯光诱杀，5 月中旬至 8 月中旬，在有虫林分内，每 5 hm² 设置 1 盏黑光灯或应用杀虫灯诱杀成虫。每天开灯时间为 20：00—23：00，每 5 hm² 设置 1 盏诱虫灯。为了保护天敌，不宜长时间使用。

（5）化学防治

对被害树，先将其根部周围清除 0.3 m 树盘，用高效氯氰菊酯、功夫乳油等农药毒杀各龄幼虫，防效可达 95%以上。

（6）沙棘木蠹蛾性信息素

用人工合成的性信息素，可以大面积控制沙棘木蠹蛾，这是最为有效的监测和控制措施。

3.1.4　其他主要危害沙棘的虫害

3.1.4.1　蚜虫的危害及防治措施

干旱缺水时易感染蚜虫，表现为叶面油光闪闪，地面潮湿，叶背密布蚜虫，危害新梢嫩枝，在沙棘叶中心叶脉两侧引起树叶变黄皱缩，最终脱落。防治方法：经常保持沙棘园湿润，可引导七星瓢虫等天敌扑杀，避免使用化学药剂。

3.1.4.2　沙棘蝇的危害及防治措施

作为我国的检疫害虫，沙棘蝇是危害沙棘最危险的害虫之一，大发生时可导致果实大量减产。此害虫 1 年发生 1 代，以蛹在表土层越冬。成虫在沙棘果皮上产卵后，孵化的幼虫进入果实，取食果肉。幼虫期为 20 d 左右。大发生时可用杀虫剂进行喷雾防治。此虫害目前在新疆地区还未发现。

3.1.4.3　沙棘木虱的危害及防治措施

沙棘木虱的卵会固定在沙棘的芽鳞基部，伤害叶部，在沙棘芽苞开放时以幼虫危害芽苞。随着沙棘萌动放叶，幼虫又转移到叶子背面，使叶片扭曲变黄。对于此害虫的防治主要方法是在沙棘花芽萌动的初期，用杀虫剂进行喷洒防治。

3.2　大果沙棘病害防控技术

3.2.1　沙棘锈病的危害及防治措施

沙棘锈病在阿勒泰地区大果沙棘种植区也有小面积的发生，沙棘锈病对人工沙棘危害严重。

3.2.1.1　沙棘锈病的危害症状

沙棘锈病为苗期病害，危害一般发生在 1～3 年生的沙棘上，该病害主要危害沙棘叶片、嫩茎、嫩枝及花器，以叶片受害最重，受害症状是大量叶片发黄、干枯，叶片的病斑呈圆形或近圆形，多数汇合，发病初期病斑处轻微退绿，后变为褐色或锈色，影响光合作用，使树体水分过量蒸腾，叶片枯萎并提早脱落。

病菌以菌丝在病芽和嫩枝表皮下越冬，翌年春沙棘萌芽时，越冬菌丝发育成夏孢子堆，在生长季中进行侵染。每年 5 月下旬至 6 月上旬为发病初始，7—9 月为发病盛期。秋后产下孢子侵入幼芽中或嫩枝表皮下越冬。

3.2.1.2　沙棘锈病防治措施

（1）营林措施

选用抗病性沙棘品种，加强沙棘苗木田间管理，合理密植、修剪，发现病株及时剪除、集中焚烧。

（2）药剂防治

对于此病主要以预防为主，可在苗期的 6 月份每隔半个月喷洒 1 次波尔多液，连续使用 2～3 次，可减少此病的发生，或者可以用 800～1 500 倍液的三唑酮进行喷洒。发病初期，每隔 15～20 d，喷施 15%粉锈宁可湿性粉剂 1 000 倍液，或 50%硫悬浮剂 200～300 倍液，或 30%特富灵可湿性粉剂 2 000 倍液。喷药灌根时间以傍晚最佳。

3.2.2　沙棘根腐病的危害及防治措施

沙棘根腐病是半木质化扦插中常见的病害，一般扦插后 14～35 d 易发生，即在穗条下端刚生出不定根到不定根木质化之前的这段时间发生，发病时间一般在 7 月 20 日—8 月 15 日。

3.2.2.1　沙棘根腐病发病症状

主要侵染沙棘新生不定根及插条下端插入沙子的部位。发病初期白色不定根呈水浸状浅褐色或灰褐色，后期软化腐烂，由根尖向上进行浸染。插条下端肿胀生根处被浸染后呈黑褐色糟朽状，纵裂如麻，可见丝状维管束。地上部叶片，在发病初期，插条下部叶片变黄，叶缘变红褐色枯焦，随着烂根程度加重，黄色叶片渐上移至顶叶，并逐渐脱落，当不定根全部软化腐烂后，顶部叶片脱落；顶梢萎蔫整株枯死。

3.2.2.2　沙棘根腐病防治措施

扦插前苗床要消毒彻底，扦插前用功夫乳油拌药施入沙床对沙床进行土壤消毒，扦插前 1 d 用 0.2%的高锰酸钾液进行基质消毒，24 h 后冲洗，可起到较好的土壤消毒作用。

建苗床时选择通风良好、易排水的沙壤土，用新河沙建床，杂菌基数少、病害轻。苗床位置最好一年一换，河沙年年更新。

勤观察插条，若发现插条叶子变黄，应及时查明原因，若因失水变黄，要及时调节喷水量；若因烂根而黄叶，要及时用根腐治 50%、可湿性粉剂 500 倍灌根，每 4 d 一遍，连用 3 次；也可用地菌绝霸 25%、可湿性粉剂 700 倍灌根，4 d 一次，连用 3 次，二者可以交替进行。喷药灌根时间以傍晚最佳。

3.2.3　沙棘黄锈病的危害及防治措施

3.2.3.1　沙棘黄锈病的危害特征

在秋季多雨时易发生，在叶背面形成许多黄色突起，影响沙棘的生长。

3.2.3.2　沙棘黄锈病的防治方法

在春夏季要及时除草，促进通风，同时浇水适度，保持土壤湿润；可喷洒杀菌剂进行防治。加强田间管理适时浇水施肥，中耕除草，以增强树势，减轻危害。秋季清园锯除有虫孔的被害枝，及时烧毁，清除枯死枝。

3.3　其他有害生物综合防控技术

3.3.1　沙棘鼠、兔害的危害特征

沙棘林鼠、兔害有两种形式，一种为地上危害型，包括阿拉善黄鼠、大林姬鼠、根田鼠、松男鼠、高原鼠兔、甘肃鼠兔、达乌尔鼠兔、高原兔和草兔等，分布广泛；另一种为地下危害型，主要是指专门啃食植物根部的鼢鼠（甘肃鼢鼠、高原鼢鼠）。鼠、兔害通常发生在幼龄林，野兔环状啃食沙棘树干，取食新皮和新芽苞。鼠类危害通常发生在冬季，在雪下啃食沙棘树干。

3.3.2　沙棘鼠、兔害的防治措施

3.3.2.1　物理防治措施

在害鼠种群密度较低，局部地段危害严重，或存在大量鸟类等有益动物的地方，主要动员群众大量使用弓箭、鼠铗、捕兔钢丝扣、灭鼠雷等器械、装备进行防治。

①人工弓箭捕捉。在造林地上判断有害鼠活动的鼠洞放置弓箭，用饵料引诱鼠前来觅食或堵洞时射杀。

②灭鼠雷。放置灭鼠雷管时应首先辨明洞内是否有鼠，然后将有鼠洞口切齐，放置灭鼠雷，用饵料引诱鼠前来觅食或堵洞时炸灭。

③鼠铗。放在老鼠经常活动的线路上，并用适当诱饵来诱杀老鼠。

④捕兔钢丝扣。主要针对野兔。将钢丝扣牢固地放置在野兔经常来往的线路上和喜食的植物处，一般每只兔子设 5～10 个扣，连续设置，直至捕完为止。还可使用兔套或兔铗灭兔。

⑤严禁乱捕滥猎，保护鼠类天敌鼬科动物、食鼠鸟类等。

3.3.2.2　药剂防治

在害鼠种群密度较大、造成严重危害的地类上，根据不同的种类，合理使用不同的药物及饮料，对症下药。使用成品药溴敌隆、杀鼠醚等防治地下鼢鼠，投饵 5～15 g 于有效洞内，封上洞口。对地上对象防治时，尽量将毒饵放置于有效洞内和交通道上，可以大幅提高防治效果。在种群高密度危害地类上，按 15 m×15 m 或 20 m×20 m 的间距投饵，每堆 5～10 g，并在防治区内安排专人，检查防治效果。

3.3.2.3　生物防治

开展生物防治，生产中使用生物药剂，如猫王、C 型病毒防治鼠害、兔害，保护生态平衡，防止滥用化学农药。

3.4　沙棘有害生物防控技术措施

沙棘的主要病虫害有沙棘干枯病、腐烂病、缩叶病、叶斑病等。

其中，沙棘干枯病（沙棘干缩病）是一种严重的毁灭性病害，苗圃和沙棘林均可发生。幼苗发病的症状首先是叶片发黄，茎干枯，最后导致整株死亡。沙棘种植园内和沙棘林中发病的表现为：树干和枝条树皮上出现许多细小的枯色凸起物可纵向黑色的凹痕，伴随叶片脱落，枝干枯死。

3.4.1　加强虫情、病害监测

在各级森防站和乡镇林业站为主体建立健全虫情监测网络，实行常年虫情动态监测，做好预测预报。预测是指定性或定量估计病虫害未来发生期、发生量、危害或流行程度，以及扩散发展趋势，提供病虫害信息和咨询的一种方法。

3.4.2　做好植物检疫

植物检疫是指依据国家植物检疫法规，对植物及其产品实行检验和处理，以防止危险性病、虫、杂草等有害生物人为传播蔓延的一种重要措施。对沙棘病虫害适生区范围内的所有地区进行严格的产地检疫，以防止病虫害随果品、寄主植物传播扩散。林业植物检疫检查站或具有检疫检查职责的木材检查站应依法严格开展调运检疫检查，一旦发现虫情，及时就地除害处理，防止疫情传播。各县市林业植物检疫机构应及时对调入的绕实蝇寄主植物及其果实进行复检。各地还应加强对水果市场或集散地的检疫检查，防治病虫害传播扩散。

3.4.3　营林措施

重度危害区沙棘林更新改造措施要坚持生态效益与经济效益相结合，封（封育）、改（调整树种结构）、造（造林）相结合的原则，进行更新改造。对高山、远山、坡度较大、土层较薄等立地条件差的沙棘林，采用封育措施予以管理。春季（或秋季）对自然条件复杂、沙棘死亡严重的地块进行皆伐改造，采取沙棘与当地乡土树种块状混交方式造林，使之形成不规则的以沙棘为主体的块状混交林。对集中连片、坡度在 15°以上地段的沙棘林，春季（或秋季）采取沙棘与当地乡土乔木树种带状混交方式造林，形成以沙棘为主体的带状混交林。对土层较厚、坡度较小、交通方便地段的沙棘林，以突出经济效益为着眼点，春季（或秋季）采取皆伐改造方式，选择优良沙棘品种或引进大果沙棘良种作为更新换代的主栽品种，建立高标准的沙棘果园，实行集约化经营，加强抚育管理，提高单位面积沙棘果实产量。

中度危害区沙棘林平茬更新措施春季（或秋季）全面清除沙棘地上部分，通过水平根系萌蘖出新的植株，迅速恢复林分，及时定干、除蘖，加强抚育管理，确保成林。

秋翻、春灌可改变老熟幼虫生活环境。经秋翻可以使老熟幼虫暴露土表或深埋下层，降低老熟幼虫越冬存活率。春灌可消灭或减少成虫出蛰。

3.4.4　人工防治

1）树干堆土阻止成虫出土。从 4 月中下旬开始，在距离主干 1 m 虫蛹越冬范围内，培高约 10 cm 的土堆，拍打结实，防止绕实蝇羽化成虫出土，可以减少害虫来源。

2）在 8 月中旬幼虫化蛹以前可在树冠下覆盖塑料薄膜，阻止幼虫入土越冬，落下来的幼虫和蛹及时集中烧毁处理。

3）及时清理落地果。果成熟前期果蝇发生量不大，随着果实成熟期的推进，落地果增多，雌蝇大量在落地果上产卵、繁殖。因此，及时彻底地清理落地果是比较有效的防治方法之一。要及时清洁沙棘果园，加强管理，及时摘除树上的虫蛀果、病变果，收集地面上的落果，清理下来的虫蛀果应集中堆放并进行深埋。同时，及时清除果园中的废弃落叶、废木堆、废弃化肥袋、杂草、灌木丛等所有可能为病虫害提供越夏越冬场所的材料和设施。在果实入窖或入加工厂时应严格挑选，防止幼虫随蛀果越冬。

3.4.5　物理防治

利用黄板、诱虫灯和诱捕器等诱杀成虫可以减少虫害来源。利用弓箭、鼠铗、捕兔钢丝扣、灭鼠雷等消灭鼠兔害。

3.4.6　化学防治

沙棘幼苗培育前做好苗床的消毒处理，加强通风、水肥管理，提高苗木抗病虫害能力。针对不同的病虫鼠害发生规律和不同农药的残效期选用药剂，选择适宜的药剂进行防治，此外，还可选用不同类型、不同作用机理的农药搭配使用，进行树冠喷药防治幼虫，早上或晚间喷雾。施药方法在每年世代幼虫出现高峰期时集中喷药至少 1 次。若喷施毒性小、残效期短的农药，可连续喷施 2～3 次。

3.4.7　生物防治

积极保护鸟类、蜘蛛、猪獾、步甲、寄生蜂、真菌、线虫等害虫天敌，用人工繁殖白僵菌株、苏云金杆菌等方式进行生物制剂防治。利用性信息素诱杀雄性成虫，干扰绕实蝇雌雄间的交配通信联系，减少绕实蝇交配，降低交配率，减少后代繁殖数量，达到防治绕实蝇的效果。

3.5 沙棘有害生物防控技术小结

大果沙棘病虫害的发生和蔓延，对植株的生长发育、产量品质影响很大，在新疆地区的危害呈上升趋势。特别是在高温多雨年份，病虫害发生频繁，危害严重，稍有疏忽或防治不及时，会造成大果沙棘严重减产，给广大种植业户造成很大的损失。因此，积极防治病虫害，是大果沙棘生产中的一项重要工作，事关增收增效，必须予以高度重视。对此，本章对近几年新疆危害沙棘的病虫害进行了初步的研究、分析，并提出了相应的防控措施。

3.5.1 沙棘虫害防控技术

调查监测，新疆沙棘主要虫害有沙棘绕实蝇、红缘天牛、沙棘木蠹蛾的发生。对危害特征，包括虫情调查、形态特征、生活习性、危害特点进行了综合分析，提出了防控措施。新疆沙棘由于地理气候等原因，病虫害发生较少，主要虫害为沙棘绕实蝇，曾发生过大面积危害，其余虫害尚未发生严重危害。

3.5.2 沙棘病害防控技术

病害主要是沙棘锈病、沙棘根腐病及沙棘黄锈病，分析了危害现状并制定了防治措施。沙棘锈病是阿勒泰地区俄罗斯大果沙棘发生的主要病害，在阿勒泰地区，每年有1 000多亩地被沙棘锈病侵害。

3.5.3 沙棘鼠、兔害防控技术

鼠兔害危害在沙棘果园中发生较为普遍，也是当前危害新疆沙棘林发展的主要因素之一，尤其是鼠害，啃食沙棘根部，造成沙棘林大面积死亡。针对沙棘鼠、兔害危害特征，提出了相应的防治措施。

3.5.4 沙棘有害生物综合防控措施

由于长期没有相关的技术标准措施，致使在病虫害发生时期，种植户的防治积极性低或盲目用药，轻则无用，重则发生药害，导致一定的经济损失，也影响到新疆地区无公害林果业的发展及生态环境的保护。结合新疆地区农业生产实际，经长期观察，我们总结制定了一套沙棘病虫害防控技术措施，以降低病虫害对沙棘生长的影响。

第 4 章

沙棘采收技术

沙棘是一种浆果植物，果实小而果柄短、果皮薄、簇生长于有棘刺的果枝上，且附着牢固，成熟后受轻微外力即可导致果实破裂，采收非常困难。据测算，沙棘经营总成本的80%消耗在果实的采集上。沙棘采收已成为制约沙棘产业扩大规模生产的瓶颈。本研究总结了沙棘枝条、果实采收技术及果实分离技术方法，以期为沙棘生产提供合适的采收技术指导。

4.1 沙棘果实采收技术

果实采收是果实商品化处理的最初环节，采收期的早晚对果实的产量和品质有着密切的影响。我国沙棘果实采收技术研究起步晚，采收机具基本上是空白，已严重滞后于沙棘果实的开发利用。研究沙棘果实采收技术，提高采收效率，将显著促进沙棘产业在我国生态建设和产业结构调整中发挥更大作用，带来巨大的生态、经济效益。

4.1.1 沙棘的采果方法

目前沙棘采收方法主要有手工采摘、剪枝采收、冻果震落采收、化学采收和手工器具采收等。剪果枝法，在我国大部分沙棘种植地区都采用。用敲击树枝采冻果，适宜在部分寒冷地区，一般在12月以后进行。这时果实冻在枝上，用木棒等敲打树枝将果实震落后收集起来即可。对于新疆地区而言，用得最多的还是人力手工采摘；逐步研制或引进沙棘采摘的相关设备是我们的发展方向。

近年来，随着沙棘产业的快速发展，各地开始注重在采收机械研发上下功夫，取得了一些成果，主要有：陕西省农业机械研究所研制的手轮式沙棘采果器、黑龙江带岭林业科学研究所研制的4J-40型手工沙棘采集器、山西省农机研究所研制的4S-2型沙棘采摘器、宁夏固原地区农机研究所研制的齿形板式手工采果装置。新疆地区主要使用的是由新疆农垦科学院和阿勒泰农机推广站联合研制的一种振幅可调的机械振动式"小林果果实采收机"和引进的气吸式分离机等。这些手工器具的共同特点是操作灵便，制造简单，价格低廉，又可提高一定工效，在一定程度上改善了采收条件，但还远远不能满足大面积沙棘果实采收的需求。

从近期的生产需求看，可移动的、可脱果粒、不对树枝造成破坏、价格便宜的采收机械在国内特别是东北和新疆有较大的市场。作为经济型植物，沙棘的发展与机械采收的发展密不可分，引进或研制适合我国沙棘种植区的机械化设备势在必行。

机械采收是俄罗斯 20 世纪 80 年代开始的主要方向，逐步代替手工采收，减少了人工费用，具有易于脱果、采净率高、防病虫害等许多优点。目前机械采收常用的有以下 2 种方法。

1）振动式机械采收法：振动式沙棘采果机是通过工作头产生与植株本身固有频率相同或相近的振动频率，可震落成熟的沙棘果实，然后利用特制的收集装置收集起来。此采收方法的优点在于易脱果，不损果，采净率高达 90% 以上，但要求树有一定的高度，行距在 4～5 m，株距不小于 3 m，最好是大型沙棘园。

2）剪枝采收法：利用机械化剪枝后，再进行脱果，枝和叶可以加工成保健品来利用。

4.1.2　沙棘果实成熟期

沙棘果实采收期取决于成熟度。采收的成熟度要根据沙棘果实本身的生物学特性与采收后的用途、市场远近、加工和储藏条件而定，不同栽植区域的沙棘果因品种不同造成成熟期有所差异。沙棘果实的成熟期一般为 8 月下旬至 9 月下旬。我国沙棘的成熟期比较晚，而中亚沙棘、蒙古沙棘成熟期较早。表 4-1 调查统计了阿勒泰地区主栽品种果实的成熟期、落叶期。

表 4-1　沙棘果实成熟期及落叶期统计

品种名	果实成熟期	落叶初期	落叶末期
无刺丰	8 月 21 日	10 月 29 日	11 月 21 日
巨人	8 月 20 日	11 月 1 日	11 月 28 日
深秋红	9 月 10 日	11 月 5 日	11 月 28 日
壮圆黄	8 月 26 日	11 月 8 日	11 月 29 日
向阳	8 月 20 日	10 月 28 日	11 月 19 日
QH—02-01	9 月 08 日	11 月 2 日	11 月 24 日
HH—06-01	8 月 22 日	11 月 1 日	11 月 27 日
秋伊斯特	9 月 06 日	11 月 9 日	11 月 29 日
X—03	8 月 22 日	11 月 11 日	12 月 3 日

品种名	果实成熟期	落叶初期	落叶末期
X—01	8月17日	11月6日	11月26日
辽阜	9月02日	11月3日	11月27日
X—02	8月21日	11月12日	11月29日
X—04	8月20日	11月7日	11月22日
X—02红黄	8月28日	11月8日	11月20日

沙棘果实成熟时一般由黄绿色变为橙黄色或橘黄色，也有橘红色的，果实色泽鲜亮，多汁，口感酸甜或微酸。具体要根据果实的品种、果实的软硬程度、果面的颜色、浓郁程度、种子的成熟程度等作为采收的基本标准。当果实成熟度转色达到70%以上，果实发亮、圆润丰满而尚未软化、果面呈现橙黄鲜艳或透红靓丽、种子大多数呈褐色即进入最佳采收时期。

4.1.3　沙棘果实采收期

阿勒泰地区果实采收通常为8月、9月前后，持续约1个半月。总体来看，采收期偏晚，果实处于过熟状态，果实破损率高，果汁损失多。应在与其他农作物劳动力不冲突的前提下，将采收期适当前提至8月上中旬。

据测试，沙棘果实中维生素C含量、类胡萝卜素在成熟期和接近成熟期时含量最高，沙棘油则是在果实成熟期的两周内含量最高，因此，如果采收过早，成熟度不够，果实中的营养成分聚集不够丰富，酸度高，色、香、味欠佳，会影响加工产品品质。采收过晚，果实处于过熟状态。从营养角度看，采收期偏晚有利于油脂积累，但是维生素和黄酮类物质损失多，果汁不易保存，同时，鸟雀啄食严重，所以，沙棘果实采收期以果实成熟期前后采摘最为适宜。采收不受天气影响，晴天、阴天均可。

4.1.4　沙棘果实采收技术

4.1.4.1　人工采收

（1）剪枝采果

①剪枝采果概念及原则。剪枝采果即对沙棘结果枝连枝带果的剪截采收方法。其原则为"剪多留少、剪密留稀、剪细留粗"，即选结果多、结果密、结果果枝较细的结果

枝进行采剪，果枝长度不应大于 20 cm，果枝基茎不应大于 1 cm。与此同时，还要把枝条果采收与沙棘树体的整形与修剪结合起来，目的是在采果的同时要促进沙棘树体的及时更新和复壮。

②果实采摘时间的确定。果实采收以选 4 年生及以上，结果密集、生长旺盛的沙棘树进行合理采收为宜，对于栽植时间在 3 年以下的、刚进入结果期、结果量不大的沙棘树暂时不予采收。

③采果树与采果枝的选择。对于一株树而言，采果时选树冠中上部结果密度较大、对沙棘的树势影响不大的侧枝、直径小于 1 cm 的结果枝条进行剪截采收。对于结果稀、结果少、枝条比较粗壮的结果枝，要以实现采果后第 2 年仍保持一定产量为原则来采剪，要保证第 2 年沙棘树枝条正常萌发，茎干下部隐芽正常发枝，要有利于翌年形成更多、更好的结果枝条，实现第 3 年产量的稳步递增。

④剪截采收的主要工具与采收方法。俄罗斯大果沙棘枝条果采收的主要工具有剪枝剪、果筐、果袋子、防扎皮手套、枝条钩子。剪枝剪用于剪枝条果，果筐、果袋子用于装枝条果，皮手套主要用于防止采收人员手被沙棘刺扎伤，钩子用于在采收较困难的时候辅助采剪梢部果实。在人工采剪过程中，采收人员要戴上皮手套，一手拿剪刀，另一只手拿住结果侧枝，用剪枝剪把结果侧枝顺利剪取；打梢，就是把已经剪取的结果枝截成 8～12 cm 的小段结果枝，集中收集于沙棘果筐内；对于生长位置较高的梢部结果枝，用钩子勾下来进行采收剪取。

⑤采收标准与配置修剪技术。大果沙棘采剪果枝的总数量应控制在树体内结果枝条总量的 70% 以内，结果枝条直径小于 1 cm，采收的枝条果长度一般保持 10～15 cm。采收时结合修剪技术进行整形修剪。大果沙棘采收果实时，对树体要进行合理修剪，主要是要在采收过程中及时清除内膛的徒长枝、过密重叠的辅养枝，通过修剪，改善和优化树体内膛的通风透光性。对过于细弱的结果枝、主侧枝要实施回缩，有利于树体复壮更新。对于交叉枝、枯干枝和病虫枝要及时剪掉。

剪枝采果对树体损伤较大，如果在剪取两年生果枝的同时，把一年生的枝条也剪掉了，就会影响以后两三年的沙棘产量。有些果农为自己方便，砍伐大枝，甚至整株砍伐摘取果实，尤其是采摘野生沙棘时。这对沙棘资源的破坏极其严重，天然种群中果大、刺少、产量高的单株被砍伐掉，造成沙棘种植资源日益减少，同时雌株会被严重削弱，而使沙棘林减产或是绝产。剪枝采果后还会在树体上留下许多伤口和疤痕，削弱树势，使母株容易感染病虫害。目前在采收技术没有过关的情况下，应该做到轻采、轮采，同时应有计划地建立优良品系繁殖区，以保留沙棘良种资源。

（2）人工采收单果

①摘果。适用于无刺大果沙棘，用大拇指和食指掐住果实基部，连同果柄一起采下。该法采摘干净，但速度极慢，容易刺伤采集者的双手。

②钩果。一般采用以捋枝方式为主的手提式工具，如夹齿采摘。夹齿具有弹性，可从两面夹住结实枝条的基部，然后向枝梢方向移动，从而将果实捋下。在阿勒泰地区，农户用硬铁丝弯成铁钩，一手抓住枝条树梢，一手用钩子从基部将果实捋入桶中，该法采取单果速度较摘果快，成本低。

当前沙棘果实采收仍以人工为主。对于一些少刺或无刺的大果粒沙棘品种，虽可用手工采摘，但工作效率低，采果所耗工时太多，采果用工达全部用工的 3/4 以上。沙棘果的收购价格约为 7.0 元/kg，而采收人工费达到 2.0 元/kg。对于大面积沙棘果园的采果，劳动力问题难以解决，会大大影响沙棘的种植经济效益。

（3）冻果采收

沙棘果实成熟后，其果柄处不形成离层，所以只要鸟雀不啄食，沙棘果实就可以长期在枝条上保留，甚至可以保存到下年收获季节，因此，生产中，在秋季来不及采集的沙棘可在冬季进行冻果采收。

冻果采收技术：在初冬季节，一般温度在-20℃～-15℃时，清晨用木棒轻轻击打冻实的带果的沙棘条，沙棘便会脱落。树下铺塑料布或使用框、大布接住冻果。此方法优点是果实完好率在 95% 以上，不损伤树干，便于运输。在有条件的地区，可将新鲜带果的沙棘枝剪下后运到冷库进行机械筛除去叶子、枝条等杂质。此法优点是冻果轻微震动即可从母树上脱落，果实破损率极低。缺点是：10 月下旬之后有些品种果实自然落地、鸟类啄食等导致大量沙棘果的浪费。

4.1.4.2 化学采收

化学采摘法是一种近几年刚刚兴起的采摘方法，主要是利用药剂对植物果实进行催熟采收。这种方法适用于沙棘果实由绿色变成黄色这一阶段使用，这种方法成本很低，有一定的前景，需要进一步的研究。

采收技术：在沙棘果实由绿变黄时，可喷施 40%～45% 乙烯利进行催熟采收，这种办法非常有效。内蒙古自治区农业科学院园艺所（1987—1989 年）以中国沙棘为例，喷不同浓度的 40%乙烯利进行催熟采收。实验结果表明：该方法成本低、效率高，能显著提高果实完好率。适宜浓度为 8 000～10 000 mg/kg，若能与振动式、气吸式采收机械相结合，则效果更佳。使用过程中，乙烯利对口感有影响，需要慎重使用。

4.1.4.3　机械采收

国外对沙棘使用机械化采摘较早，德国等先进国家沙棘果的采摘有专门的机械采收设备，使用拖拉机作动力，先用人工剪取小枝，然后用机械脱果，效率很高。俄罗斯及北欧一些国家直接使用机械，采用震荡方法采收沙棘果。但该法对树体伤害大，采收效率不高。机械收果法要求沙棘的果皮厚，果柄和果实易于分离。近年国外注重矮生沙棘采收机械的研制，如 MⅡ70-6 型、MⅡ0-6M 型气动吸入式沙棘果实采收机。随着新产品的不断问世，相信在不久的将来很快能解决沙棘果实采摘问题。

国内沙棘果实机械化采收技术起步较晚，对沙棘果实采收机具也正在研制阶段，比如：陕西省农业机械所研制的手轮式沙棘采收器，山西省农机化工所研制的 4S-2 型沙棘采摘器，黑龙江省带岭林业科学研究所研制的 4J-40 型手工沙棘采收器。这类采收器与人工手摘单果相比，大大提高了采摘工效，属小型手工器具。

4.2　沙棘采收技术小结

4.2.1　沙棘果实采收技术

总结了人工采收（剪枝采果、冻果采收、人工采收单果）、化学采收、机械采收技术原理及方法，截至目前仍没有切实可行、行之有效的操作方法，因此，研究和改进沙棘果实采摘技术，提高果实的采收率依然是当前沙棘产业发展中迫切需要解决的问题。当前沙棘果实采收仍以人工采收为主，采收方法为剪枝采果，按照"剪多留少、剪密留稀、剪细留粗"的原则进行采摘，采收枝条粗度要求在 1 cm 以上的结果枝条，实行全面剪枝采收，采收后放入框中，运至冷库，冷冻脱果。

4.2.2　沙棘叶片采摘技术

采摘时间为 5—6 月，方法采用人工采摘，选择 4 年树龄以上的沙棘雄株和其萌蘖苗叶片，禁止采摘雌株。

第 5 章

沙棘加工利用技术

各沙棘生产加工企业多年来在沙棘加工方面积累了丰富的经验，对沙棘鲜果储存、分离、鲜果加工、果汁加工等各环节进行不断优化，对工艺进行提升，完善整个工艺链条，同时给沙棘产业链提供了优良的技术保障。本章结合几家合作企业沙棘生产加工的共性，总结分析以下技术：沙棘鲜果储藏技术，果肉种子分离技术，果肉油萃取技术，种子油提取技术，果肉保鲜及储存技术，果肉饮料、保健品加工等技术。

5.1 沙棘鲜果储藏技术

沙棘果加工成沙棘成品需要经过适时科学的机械采收、运输、处理和贮存等一系列环节。沙棘果含有丰富的水分及糖类物质，在一定条件下容易滋生细菌而腐烂变质，保存时间与其保存方式有很大的关系。一般在常温（24～25℃）下沙棘只能保存 2～3 d；在冷藏（5℃）条件下可以保存 7 d 左右；在冷冻（-20℃）条件下可以保存 1 年。

5.1.1 短期储存技术

沙棘果对保鲜贮藏的条件要求非常严格。刚采收的沙棘果实需进行短时间的贮藏，快速冷却到 1～5℃，空气的相对湿度保持在 90%～95%。以控制微生物的繁殖。冷却时采用空气循环冷却，因为水冷容易使果实的水分增加。用空气冷却时，要采用带孔的筐子盛放沙棘果，促进果实间的气体循环，以利于散热。贮藏果实必须保持低温、通风，排除有害气体。

5.1.2 长期储存技术

将沙棘果快速冷冻后贮存，加工时根据需要进行解冻，冷库温度设定在（-22±2）℃储存。

5.1.3 冷冻脱粒与储存技术

将采摘的新鲜沙棘枝条果入库速冻（可采用常用氟制冷-30～-45℃低温速冻，也可采用液氮速冻方式），待果实冻实后，使用脱果机在低温（-22±2℃）环境下进行枝果分离。将脱粒后处理干净的冷冻沙棘果实装袋（一般为 20～30 kg/袋），在托盘上码放整齐，层数一般不超过 7 层。托盘上货架。储存库温度不得高于−18℃。

5.2 果肉、种子分离技术

沙棘果由相对较结实的表皮、果肉、果汁和果籽组成。解冻后将沙棘果进行破碎和挤压，得到部分沙棘果汁直接输出，其他部分与水混合进行再次分离，得到剩余的沙棘果汁、沙棘果籽和沙棘果皮。果实压榨后果渣中含有可用于提取沙棘籽油的大量果籽，有效地将沙棘籽、沙棘皮从沙棘果中分离，防止沙棘籽和沙棘皮的霉变。

目前，实际生产中沙棘果渣的分离多采用传统的风选和静置水选方法。风选方法需要把果渣先晾晒或烘干处理，然后借助风力作用，利用比重不同实现果籽与其他残渣的分离。此法分离效率低，而且容易造成粉尘污染，危害人体健康。静置水选方法需将新鲜果渣进行浸泡处理，待果籽和其他果渣在水中静置分层后才能实现果籽的分离。此方法分离周期较长，而且设备清洗困难，难以实现连续化分离。目前在阿勒泰地区，沙棘果肉、种子分离技术多采用两种方法进行：①沙棘果精选后，用水清洗干净，加热，打浆，加入纯净水，利用离心原理（碟式分离机）离心，获得果浆、果渣及种子；②冻果过筛去枝去叶分离后，通过二级过筛去杂，之后清洗 30～60 s 迅速解冻，解冻后通过封闭 25～35℃打浆，注水，利用不同目的刮网实现果肉分离。用此两种方式分别获得半成品果浆、沙棘籽和果渣（沙棘皮）。

5.3 果肉油萃取技术

采用萃取技术和压榨离心提取法。

5.3.1 沙棘果油产品执行标准

沙棘果油产品应执行企业标准：《沙棘果油》（Q/XHS0005S—2014），同时应满足以下质量指标：水分及挥发物含量≤0.3%，维生素 E≥100 mg/100 g，类胡萝卜素≥200 mg/kg，酸价（KOH）≤15 mg/g，过氧化值≤0.4%，铅（以 Pb 计）≤0.1 mg/kg，总砷（以 As 计）≤0.1 mg/kg，黄曲霉毒素 B_1≤10 μg/kg，苯并[a]芘≤10 μg/kg，菌落总数≤100 cfu/ml，大肠菌群≤6PN/100 ml，霉菌≤10 cfu/ml，酵母≤10cfu/ml，致病菌不得检出。

5.3.2 沙棘果油萃取技术及沙棘油提取装置

将冷冻果实压榨，将压榨后的果汁混合物预热到 40～50℃，采用高速三相离心机，分离出果汁、果肉和进入果汁的油，将果肉和榨汁后的果渣混合，在连续的蒸汽干燥器上干燥，使含水率降到 5%～7%后备用。干燥后的果渣进一步粉碎后装入 22 个连续的萃取罐内，按逆流循环方式，将预热到 50～65℃的萃取用油加入萃取，萃取物是精炼的向日葵油或胡麻油。萃取物和萃取油的比例为 1:1，单罐萃取时间为 30～40 min。沥干果渣，收集含有沙棘油的萃取油，泵入下一个萃取罐内，依次通过 22 个同样的萃取装置，使萃取油中的沙棘油含量达到 40%，并和经离心分离出的果肉油混合，达到规定指标要求的沙棘油。这种萃取方法可提取出 98%的沙棘油。最后一级萃取罐中的果渣含有 50%的萃取用油，在压榨机上压取，过滤出机械杂质，泵送至萃取循环系统中继续使用。果渣可做饲料添加剂原料。

目前沙棘油的研究得到了社会的重视。提取沙棘油的装置仍需较多人工辅助，自动化程度、连续加工能力、工序衔接性能均较差，提取效率较低。为了克服上述技术的不足，我们设计了一项沙棘油提取装置。该装置包括清洗机、滤水机、籽肉分离机、烘干机、粉碎机和超临界萃取釜等构件。与现有技术相比，该装置自动化程度高，连续加工能力和工序衔接性能俱佳，提取效率高；滤水机在运输皮带两侧设置了侧边防落橡胶带褶边，安装快捷方便，且侧边防落橡胶带褶边有弹性，能随运输皮带移动，可减小运行阻力，且有效防止沙棘果掉落到运输皮带机外；阻落板能有效防止沙棘果下滑，保证运输连续，提高运输效率；籽肉分离机设置十字形刀片和八字形刀片，对果肉破碎充分，并且不伤籽，自动化分离籽和果浆，分离效率较高。

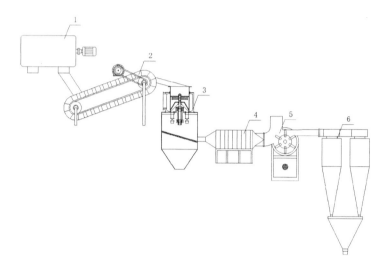

1—清洗机；2—滤水机；3—籽肉分离机；4—烘干机；5—粉碎机；6—超临界萃取釜

图 5-1   沙棘油提取装置示意图

5.3.3　沙棘果油压榨离心提取法

用离心分离的技术可以从果汁的油层中分离出果油。将精选沙棘果放在洗果机中清洗 3～5 min，洗果水温 8～15℃，采用履带压榨，将果实放置在传送带上，依靠滚轮压榨。压榨出的原果汁装入容器中加热至 60℃，加入 30%纯净水进行稀释，通过碟式分离机进一步将果油中存留的少许水分、果肉泥分离出去，将获得的果油加热至 85～95℃进行预杀菌后冷却降温至 40℃，离心机进行二次离心。从果汁分离机出来的沙棘果油，经过纯化工艺，即得到无杂质、不分层的沙棘果油，出油率 1.5%。

5.3.4　沙棘油（瓶装）生产工艺流程

选果→解冻→榨汁→卧螺分离机→高温灭菌→离心机→二次分离→待检→装桶（印章）→入库。

5.4　种子油提取技术

沙棘籽含油高，籽油浅黄透明，质量好，在阿勒泰地区，沙棘企业以生产沙棘籽油者居多。沙棘籽油市场价 6 000 元/kg，提油后的沙棘籽余下物，含有比一般粮食高得多的蛋白质、氨基酸和其他生物活性成分，可加工成营养添加剂、特殊功能的饲料添加剂和其他许多产品，具有很高的经济效益。目前，在阿勒泰地区沙棘籽油提取主要采用二氧化碳超临界萃取法和压榨离心提取法，均为物理加工过程，无有害物生成；提取剂可回收循环使用，实现清洁生产。

5.4.1　沙棘籽油产品执行标准

沙棘籽油产品应执行企业标准：《沙棘籽油》（HB /QS 002—94），同时应满足以下质量指标：水分及挥发物含量≤0.3%，维生素 E≥100 mg/100 g，类胡萝卜素≥200 mg/kg，酸价（KOH）≤15 mg/g，过氧化值≤0.4%，铅（以 Pb 计）≤0.1 mg/kg，总砷（以 As 计）≤0.1 mg/kg，黄曲霉毒素 B_1≤10 μg/kg，苯并[a]芘≤10 μg/kg，菌落总数≤100 cfu/ml，大肠菌群≤6 PN/100 ml，霉菌≤10 cfu/ml，酵母≤10 cfu/ml，致病菌不得检出。

5.4.2　二氧化碳超临界萃取法

（1）基本原理

超临界 CO_2 流体提取法是近代盛行的先进分离技术，具有提取和分离温度低的特点，特别适用于提取一些生物成分物质，可避免因加工温度过高而遭受破坏。超临界 CO_2 密度与一般液体相近，黏度比一般液体低得多，扩散系数却比一般液体高 10～100倍，利用这种流体浸泡沙棘籽粉或沙棘果皮渣，物料中的沙棘油能有效地被溶解提取出来。减压后，流体密度变小，溶解度下降，溶解物析出，即可获得沙棘油产品，且 CO_2 经冷凝成液体后，又可做提取剂循环使用，具有萃取效率高、无毒、价廉、产品无溶剂残留和操作方便等优点。

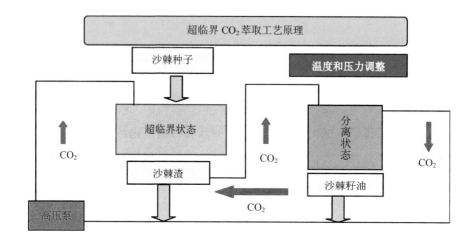

图 5-2 超临界 CO_2 萃取工艺原理

（2）工艺流程

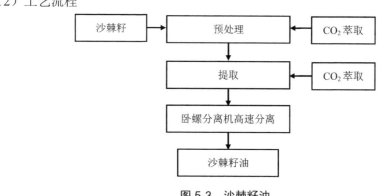

图 5-3 沙棘籽油

5.4.3 压榨离心提取法

将冷冻果实压榨，得出果肉、果渣种子混合物，将果肉、果渣种子混合物晾晒或烘干，用专用分离设备将果肉、果渣分离，获得沙棘种子。加热至 60℃后，加入 30%纯净水稀释，采用碟式分离机离心，出汁，在加热至 80℃后再降温至 40℃，离心机进行二次离心分离，出来的沙棘籽油经过纯化工艺，即得到无杂质、不分层的沙棘籽油。将最终的沙棘籽油灌装、贴标、打码、贮存待运。

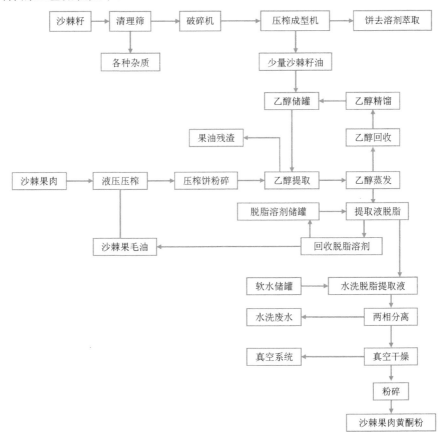

5.4.4 果肉黄酮提取

这里介绍的沙棘黄酮的提取采用的是一种特殊设计的联合提取工艺，主要过程或工序有：沙棘果肉黄酮的溶剂萃取，果肉黄酮萃取液的真空蒸发和溶剂回收，沙棘果肉黄酮浓缩液的脱脂处理，脱脂液的蒸发和溶剂回收，脱脂沙棘果肉黄酮萃取液的极性杂质分离，沙棘果肉黄酮的真空干燥，沙棘果肉黄酮的粉碎包装。

经过上述处理，如果沙棘果肉原料中沙棘黄酮的含量大于 0.4%，提取物中沙棘果肉黄酮的含量可高于 40%，相当于原来含量的 100 倍。同时该工艺具有提取效率高的特点，可提取到沙棘果肉原料中所含沙棘黄酮的 75% 以上，提取物残渣中沙棘黄酮的含量低于 0.1%。

具体的工艺流程如下：

图 5-4　沙棘果肉黄酮提取的工艺流程

5.4.5　沙棘油的精制

由于所收购的沙棘籽受采摘时间、储存条件和时间、沙棘籽的损坏程度等工厂不可控制因素的影响,沙棘油中的游离脂肪酸含量不尽相同。经加工后,产品中的酸价时常会高于沙棘油的卫生控制标准或企业标准,而导致无法直接作为产品销售。工厂若仅是提取沙棘油,而没有品质控制工序,则产品质量会随着原料的变化而变化。这对于生产厂控制产品质量是极为不利的。

对此我们特别规划了沙棘油的精制工序。通过加碱中和,可使沙棘油的酸价为工厂所控制。工厂还可以通过碱炼、脱色和脱过氧化值等工序控制成品沙棘油的过氧化值和色泽。而油脂的提取环节,如压榨和溶剂萃取,仅是将原料中的油脂提取出来,对油脂的品质无法加以改变,因此一般将提取所得的沙棘油称作沙棘毛油。

该沙棘油精制工序可对沙棘毛油进行精制,以保证出厂时的产品质量。具体的工艺流程如图 5-5 所示。

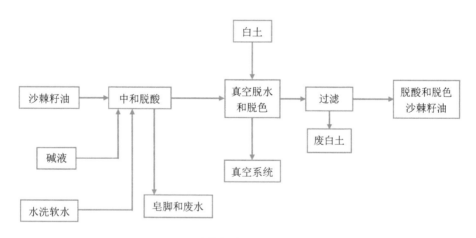

图 5-5　沙棘籽油的精制工艺流程

5.5 果肉饮料的加工利用

5.5.1 沙棘原汁加工

5.5.1.1 沙棘原汁产品执行标准

沙棘原汁产品应符合以下标准:《沙棘原果汁》(SL 353—2006),《沙棘汁加工技术规范》(NY/T—2006)。同时应满足以下质量指标:可溶性固形物含量≥10%,总酸≥2.2%(以苹果酸计),维生素C≥200 mg/100 g,pH 2.5~3.0,铅(以Pb计)≤0.3 mg/kg,总砷(以As计)≤0.2 mg/kg,二氧化硫残留量(SO_2)≤10 mg/L,菌落总数≤100 cfu/ml,大肠菌群≤3 MPN/100 ml,霉菌≤10 cfu/ml,酵母≤20 cfu/ml,致病菌不得检出。

5.5.1.2 沙棘原汁加工技术

1)速冻。将新鲜沙棘果在-30℃、20 h、(-22±2)℃的温度条件下冷藏。

2)卸料冲送。将新鲜沙棘果(或速冻沙棘果)由汽车运至厂内卸料槽,先经过浮洗机洗去沙棘表面的泥沙、尘土等附着物及可能残留的有害物质,同时去除一些枝、叶,经过刮板式提升机提升至冲浪水沸式洗果机进一步清洗。

3)流送拣果。清洗后的沙棘果被运至拣果机,发现不合格的沙棘果,需进行拣选。拣选是在带式拣果机上进行,由两侧的操作人员完成。

4)破碎。经过拣选,合格的沙棘果进入破碎机进行破碎,在打浆中将果实碎成泥状,部分种子和果皮、果渣由外围筛板筛孔挤出(筛孔直径为3 mm),排出果汁与果肉。

5)离心分离。经过打浆精制机组打浆后的沙棘汁进入汁液分离机,将沙棘原汁与果油分离。

6)杀菌冷却。成品在最后灌装前必须经过高温短时杀菌及冷却,该工序采用管式杀菌冷却设备。沙棘的杀菌温度为135℃以上,保温时间4~6 s,然后将沙棘在热交换器的冷却工段冷却。

7)无菌灌装。杀菌冷却后的沙棘原汁采用无菌灌装机灌注于220 L无菌大包装铝箔袋中,外包装为钢桶,并置于低温环境下贮存。最后贴标、打码、贮存待运。

5.5.1.3 原汁（口服液）生产工艺流程

选果→解冻→榨汁→验质→进入半成品罐→高温灭菌（85～90℃）、均质→成品罐→灌装→泡、洗瓶→验瓶→灌装→二次高温灭菌→待检→装、封箱（印章）→打码→入库。

5.5.1.4 原汁（瓶装）生产工艺流程

选果→解冻→榨汁→验质→进入半成品罐→高温灭菌（85～90℃）、均质→成品罐→泡、洗瓶→验瓶→冲瓶→灌装→灯检→倒瓶杀菌→二次灭菌→烘干→贴标→打码→待检→装、封箱（印章）→入库。

沙棘原汁成品呈橙黄色或淡黄色液体，具有沙棘汁的独特风味；汁液稍有沉淀，摇动后仍呈均匀的混浊状态。

5.5.2 沙棘果汁加工

将果肉浆过滤、离心处理，除去粗纤维、过多果肉及果皮等，按较低浓度调配成饮品。

果汁（瓶装）生产工艺流程：熬制白砂糖（20 min）→原汁检验、过滤→进入成品罐→添加辅料→灭菌（85～90℃）、均质→成品罐→泡、洗瓶→验瓶→冲瓶→灌装→灯检→倒瓶杀菌→二次灭菌→烘干→贴标→打码→待检→装、封箱（印章）→入库。

过滤：为了清洁果汁，果汁经板框式过滤机进行过滤，也可以采用尼龙纱布过滤器，但此法效果较差，其原因是果汁黏度大，汁中的油和果皮易阻塞孔隙，影响效果。

均质：用果汁均质机（或胶体磨）将果汁中的不溶固性物研磨成 2 μm 以下的微粒。

杀菌：温度控制在 85～90℃，时间为 7～10 min。

沙棘果汁成品呈橙黄色或淡黄色液体，具有沙棘汁的独特风味，酸甜适口，无异味；汁液稍有沉淀，摇动后仍呈均匀的混浊状态。

5.5.3 沙棘果酱加工

将果肉浆离心除去粗纤维、果皮，将含有大量果肉的原果浆以较高浓度调配成果肉产品。果酱生产工艺流程：

原汁检验→过滤→半成品罐→添加辅料→加温熬制（95℃左右，1～1.5 h）→验浓度→泡、洗瓶→验瓶→冲瓶→灌装→灯检→倒瓶杀菌→二次灭菌→烘干→贴标→打码→

待检→装、封箱（印章）→入库。

添加辅料主要为白砂糖，75%糖水 66.5 kg（砂糖 50 kg、水 16.5 kg）。糖水可分两次加入，即先将一半糖水倒入耐酸特制锅内煮沸后，加入果肉，煮 20 min，待果肉透明时，再加剩余的糖水。继续煮至浆的可溶性固形物含量达 68%以上时，便可装瓶。

沙棘果酱成品橙黄色，透明有光泽，浆体均匀，无砂糖结晶，无果柄等杂物，具沙棘风味，无异味。

5.5.4 沙棘药品保健品类产品加工

通过将所提纯的高纯度沙棘黄酮做成治疗心脏疾病的药物，可使其附加值上升近 10 倍；另外，根据沙棘有效成分和某些传统的中药成分互补的性质，分别制作沙棘固体制剂、沙棘软胶囊、沙棘复合膏剂、沙棘针剂和沙棘口服液等，不仅可改善药品的口感，还可最大限度地提升沙棘有效成分的功效。

1）固体口服制剂：

本研究组的合作企业生产的沙棘固体口服制剂为硬胶囊、颗粒剂和片剂，生产规模初定为硬胶囊 2 000 万粒/a、颗粒剂 1 000 万袋/a、片剂 2 000 万片/a。约可消耗沙棘黄酮 1 000 kg、沙棘油 200 kg、沙棘叶提取物 900 kg。

制粒：经化验合格的原辅料，在除外包装室清洁外包装后，传入 100 000 级洁净区，按处方比例将原辅料粉碎过筛后在称量室中称出每次所需用量，送入制粒、干燥室。在湿法混合制粒机中完成混合、制粒、干燥后，经整粒机整粒送入总混室。在总混室中将颗粒和辅料按一定批量装入混合机中充分混合均匀后，送入中转室待用。

2）沙棘片剂：将总混后的颗粒置于压片机料斗中，经压片机压片成型后送入筛片机进行整理，即为片剂半成品。不需包衣的素片直接进行内包装，需包衣的素片送入包衣室。

在配浆室中按薄膜衣的配方进行配浆，将素片放入包衣机中，浆液通过蠕动泵打入包衣机中进行包衣，再送入晾片室进行晾片，待干燥后，送入中转室待内包装。

3）沙棘硬胶囊剂：经化验合格的空心胶囊，在除外包装室清洁外包装后，传入 100 000 级洁净区，置于全自动胶囊充填机料斗中。将制好的颗粒也置于全自动胶囊充填机料斗中，完成充填后，送入胶囊抛光机进行抛光，去掉粉尘，即为胶囊剂半成品。

泡罩包装：经化验合格的内包材，在除外包装室清洁外包装后，传入 100 000 级洁净区，置于泡罩包装机料架上。将包衣片或胶囊置于自动包装机料斗中，经泡罩包装机完成包装、打印批号后，经传递柜传出洁净区，送入包装室。

塑瓶包装：经化验合格的塑料瓶等内包材，在除外包装室清洁外包装后传入 100 000 级洁净区，置于自动数片机的理瓶盘上。将片剂置于自动数片机料斗中，装入塑料瓶中，经传送带传入自动塞纸机中塞纸，传入铝箔封口机中进行加热、封口，传入自动旋盖机中旋盖，经传递柜传出洁净区，送入包装室。

贴签、外包装：完成内包装后的塑料瓶送入贴签机，贴签后的塑料瓶、完成铝塑包装后的片剂、硬胶囊剂由人工进行装盒、装箱，最后经封箱，打印品名、规格、批号，取样化验合格后得成品。

4）沙棘软胶囊剂：生产规模初定为：2 000 万粒/a，约可消耗沙棘油 9 t。经化验合格的原辅料，在除外包装室清洁外包装后，传入 100 000 级洁净区，按处方比例将原辅料称出每批所需用量、送入配液室置于配液罐中，加热至一定温度，配液、搅拌均匀，药液经检查合格后，用不锈钢管道输至储罐待用。

经化验合格的明胶、辅料以及玻璃瓶、胶垫、铝盖，经除外包装室清洁外包装后，传入 100 000 级洁净区，按处方比例将明胶及辅料在称量中称出每批所需用量，送入化胶室，置于化胶罐中，加纯水加热至一定温度，溶化，去除泡沫。胶液经过滤检查合格后，用不锈钢管道输至储罐待用、压制、定型后将检查合格的药液、胶液密闭输送至压丸机进料罐中，在低温、低湿的条件下压制胶囊，成型后，送入干燥室干燥定型。

抛丸：将干燥后的合格品送入抛丸室，置于抛丸机中将表面抛光后，送入中转室待包装。

内包装：将中转待包装的软胶囊送入铝塑包装机室，进行铝塑包装后，经缓冲室传出洁净区，送入外包中转室待外包装。

外包装：完成内包装后的铝塑包装软胶囊，进行人工装盒、装箱，最后封箱、打印品名、规格、批号，取样化验合格后制得成品。

5）沙棘膏剂：生产规模初定为 10 万瓶/a（100 ml 瓶），可消耗沙棘油约 4 t、沙棘黄酮约 200 kg、沙棘叶提取物约 2 t。经化验合格的原辅料，在除外包装室清洁外包装后，传入 100 000 级洁净区，按处方比例将原辅料在称量室中称出每批所需用量、送入配液室。将纯水和原料置于配液罐中，加热至一定温度，搅拌溶解，检查合格后，用不锈钢管道输送至储罐待用。

灌装、上塞、旋封外盖：将配好的溶液置于洗、灌、封联动线的灌装机料斗中，灌装、自动上塞、旋封外盖后，经灭菌箱灭菌后传出洁净区。

外包装：将灭菌后的药液进行灯检，合格产品贴标签，并由人工装盒、装箱，最后封箱，打印品名、规格、批号得成品。

6）沙棘口服液：生产规模为 200 万支/a（10 ml），可消耗沙棘油约 18 t。经化验合格的原辅料，在除外包装室清洁外包装后，传入 100 000 级洁净区，按处方比例将原辅料在称量室中称出每批所需用量，送入配液室。将原辅料置于配液罐中，加热至一定温度，搅拌溶解，检查合格后，用不锈钢管道输送至储罐待用。然后洗瓶、洗内塞、外盖，将玻璃瓶、内塞、外盖，经除外包装室清洁外包装后，传入 100 000 级洁净区，玻璃瓶经理瓶后置于清洗、灭菌室内洗、烘干、灌、封联动线上进行超声波清洗和纯水、蒸馏水清洗后准备灌装药；内塞、外盖经清洗室清洗机洗净、灭菌后，送到灌封室，置于洗、灌、封联动线上准备上塞封盖。将配好的溶液置于洗、灌、封联动线的灌装机料斗中（局部 100 级），经灌装、自动上塞、旋封外盖后，经灭菌箱灭菌后传出洁净区，进行外包装，合格产品经贴标签，由人工装盒、装箱，最后封箱，打印品名、规格、批号得成品。

7）沙棘叶茶加工：将沙棘叶开发成方便冲泡饮用的类似茶叶的产品，通过对新产品进行商品品质鉴定，有望获得商品品质综合指数较高的沙棘叶保健茶产品。

①叶片选择。茶叶品质的基础是原料质量，只有优良的原料，才能制成相应质量的茶叶。随着沙棘的生长，可分批采收沙棘嫩叶，一般在 5—6 月采摘 1 次。采摘下来的嫩叶要立即加工，如不能立即全部加工完毕，可平摊在阴凉、清洁、气温低于 25℃的室内，平摊厚度不超过 10 cm 为宜。

②脱蜡处理。将沙棘叶置于装有搅拌装置的容器内，按料液体比 1：（5～80）的比例加入浓度为 0.1%～10%的 NaHCO₃ 溶液，维持温度为 15～60℃，搅拌处理 5～10 min。将脱蜡处理后的沙棘叶浸入清水中搅拌处理 3 min，洗去附着在茶叶表面的脱蜡试剂。

③萎凋工艺。萎凋是指采收的鲜叶经过一段时间的失水，使一定硬脆的梗叶呈萎蔫状的过程。萎凋的作用是减少细胞水分含量，降低其活性并除去细胞膜半透性，使细胞中各化学成分得以氧化，进行发酵作用。将脱蜡处理后的沙棘叶平铺到避光的通风状况良好的萎凋室中，放置 3～4 h。

④杀青工艺。杀青工艺是茶叶热工中的关键工序，为茶叶品质奠定基础。杀青的效果与杀青技术因素密切相关，技术因素包括杀青方法和杀青条件。杀青条件包括时间、温度等。杀青的方法不同导致制茶工艺不同、产品的质量也不同。一般将嫩叶放入倾斜的炒锅内加温杀青，锅温需达 200℃左右，要炒得快、翻得匀、捞得透、抖得散，杀青10 min，使青草气味消失。

⑤揉捻工艺。揉捻是使茶叶细胞破损，汁液外溢，附于叶表面，进行生化变化，并便于冲泡，提高茶汤浓度。因此揉捻是茶类初制过程中一道重要的工序。揉捻叶的质量取决于其物理性能和受力情况。杀青后将茶叶稍作摊晾，然后利用茶叶余热，用手将叶子紧握成团，向前一个方向推滚成条。揉捻时用力要轻—重—轻交替，并向一个方向推滚。揉捻 25～30 min，手握紧叶子后再放开，使叶子自然松散。

⑥炒制工艺。将揉捻过的叶子投入锅内，双手压在叶子上滚炒，并几次散开叶子，使其均匀受热。要反复进行 20 min。初炒的叶子有弹性并感到刺手时，即可取出摊晾，使其回潮变软，再将摊晾后的叶倒入锅中复炒，温度 90℃左右，着手要轻，用力要匀，至叶烫手为止。用鼓风机吹净干燥中的茸毛、鳞片及小碎屑，以提高质量。

⑦干燥工艺。干燥是沙棘叶初制工艺中最后一道工序。干燥的方法因热交换形式及热效率不同，有烘、晒、晾等。不同的干燥方法对茶叶的品质有不同的影响。

⑧包装工艺。茶叶中含有抗坏血酸、单宁、芳香油、蹼白质、儿茶酸、脂质、维生素、色素、果胶、酶和矿物质等多种成分。这些成分都极易受到湿度、氧气、温度、光线和环境异味的影响而发生变质。因此，包装茶叶时，应该减弱或防止上述因素的影响。以上产品分别用单层 PE 薄膜袋、铝塑复合薄膜袋、PE 袋作内包装，铁听作外包装，铝塑袋作内包装纸、盒作外包装等 4 种方式包装茶叶。

5.6　沙棘叶提取物的加工

沙棘叶中含有多种营养物质，含蛋白质 13%～19%，脂肪 2.70%～5.26%，糖16.50%～25.52%，黄酮类化合物 876 mg/100 g；另有多种氨基酸，其含量（mg/100 g）分别为：天门冬氨酸 27.82、苏氨酸 9.00、丝氨酸 6.67、谷氨酸 16.14、甘氨酸 1.97、丙氨酸 8.54、缬氨酸 8.79、蛋氨酸 0.72、异亮氨酸 5.67、亮氨酸 7.28、酪氨酸 2.63、苯丙氨酸 7.23、赖氨酸 3.21、组氨酸 0.97、精氨酸 0.32、脯氨酸 24.44；此外，还含有大量矿质元素，如 Cu、Fe、Mn、Zn、Co、Cr、Mo、Se、Sn、Ni、V、Cd、As 等。

苏联 C. M. 阿斯拉诺夫（1985）的研究材料表明沙棘叶含有丰富的营养物质（见表 5-1）。叶片含糖量高于果肉；叶片中的类胡萝卜素、维生素均超过种子。

表 5-1　沙棘叶化学成分

项目	数值/%	项目	数值/（mg/100 g）
干物质	32.0	维生素 C	127.0
自由碳水化合物	2.6	黄酮醇	162.0
水溶性果胶	0.42	三萜稀酸	318.0
油脂	0.33	维生素 E	7.9
鞣脂	1.50	氯原酸	282.0

沙棘也是一种理想的制茶原料。中国农业科学院茶叶研究所生化室对沙棘茶叶的生化成分做了测定，沙棘茶含多酚 26.3%，水浸出物 31.6%，灰分 6.35%，儿茶素 3.65 mg/100 g，咖啡碱 1.57%，氨基酸总量 0.995%，与国内的名茶相比，多酚及灰分的含量以沙棘茶叶为高，咖啡碱含量很低，这是沙棘茶叶的明显优点之一。老人、小孩、高血压患者及神经衰弱的人，饮用沙棘茶后，兴奋作用较轻。

表 5-2　沙棘茶与中国名茶的生化物质含量比较　　　　　　　　　　单位：%

茶种	灰分	水浸出物	多酚	氯原酸	咖啡碱
西湖龙井	5.28	43.38	22.65	4.64	4.81
南京雨茶	4.89	45.65	16.33	4.58	3.76
沙 棘 茶	6.35	31.60	26.30	0.995	1.57

黄酮类化合物对治疗缺血性心脏病有效；氯原酸有增进胆汁分泌、利尿、促进胆酸合成的作用；三萜稀酸对伤口有早愈及消炎作用。这些物质的存在，使沙棘茶具有很高的医疗作用，对人体有特殊功效。从以上各方面看，沙棘叶的加工利用具有重要的意义和前景。

沙棘叶子产量大而且稳定，不像沙棘果受大小年的影响。据测算，一亩三年生沙棘林，每年可采鲜叶 130～160 kg，不伤害树体，沙棘鲜叶萌生能力较强，采叶半个月后，新叶即可长成，对于农民的收入是一个稳定的保障。

5.7 沙棘加工利用技术小结

我们研究小组与汇源、慧华等沙棘生产加工企业合作，共同优化沙棘生产加工工艺，先后取得实用新型专利 7 项、发明专利 1 项、外观设计专利 3 项，并总结了沙棘果实储藏、果肉种子分离、果肉油萃取、种子油提取、果肉保鲜及储存、果肉饮料的加工等 6 个方面的技术，制定了沙棘原汁、果汁、果酱、沙棘果油、茶叶等生产工艺流程，为沙棘生产加工利用提供了技术支撑。

5.7.1 沙棘加工利用关键技术

1）短期储存技术：采收后的果实尽快运送到加工厂，快速冷却到 1～5℃或更低，以控制微生物的繁殖，空气的相对湿度应保持在 90%～95%。

2）长期储存技术：速冻后入冷库保鲜储存，库内温度为（-22±2）℃。

3）果枝分离技术：利用液氮或冷库速冻至-20℃以下，振动速冻果枝，果实从果枝上脱落，再利用离心原理将果和枝条分离。

4）果肉种子分离技术：采用两种方法，①沙棘果精选后，用水清洗干净，加热，打浆，加入纯净水后利用离心原理（碟式分离机）离心，获得果浆、果渣及种子；②冻果过筛去枝去叶分离后，通过二级过筛去除杂质，之后清洗 30～60 s 迅速解冻，解冻后通过封闭 25～35℃打浆，注水，利用不同目的刮网实现果肉分离。两种方式分别获得半成品果浆、沙棘籽和果渣（沙棘皮）。

5）沙棘果浆储存技术：经高温（96℃以上）瞬时灭菌后，常温储存（短期 3～6 个月）和低温储存［长期 3 年，（-22±2）℃］。销售前无菌袋包装，常温下保存和运输及销售（3～6 个月）。

6）果肉油萃取技术：采用萃取技术和压榨离心提取法。

7）种子油提取技术：采用二氧化碳超临界萃取法和压榨离心提取法。

8）沙棘叶提取物的加工技术：沙棘叶的提取物加工采用的是将沙棘叶中的水溶性

成分乙醇提取，然后真空蒸发回收溶剂，浓缩后的提取液经喷雾干燥即可得到沙棘叶提取物。

9）沙棘果肉黄酮的提取技术：采用特殊设计的一种联合提取工艺，主要过程或工序有：沙棘果肉黄酮的溶剂萃取，果肉黄酮萃取液的真空蒸发和溶剂回收，沙棘果肉黄酮浓缩液的脱脂处理，脱脂液的蒸发和溶剂回收，脱脂沙棘果肉黄酮萃取液的极性杂质分离，沙棘果肉黄酮的真空干燥，沙棘果肉黄酮的粉碎包装。

10）药品保健品类产品加工：为进一步开发所提取的沙棘有效成分的应用附加值，我们特地规划了一个对沙棘有效成分进行医药加工的沙棘制药厂。针对所提纯或提取出的沙棘有效成分的不同作用和功能，分别制作沙棘固体制剂、沙棘软胶囊、沙棘复合膏剂、沙棘针剂和沙棘口服液。

5.7.2 沙棘部分加工工艺流程

（1）沙棘油加工工艺流程

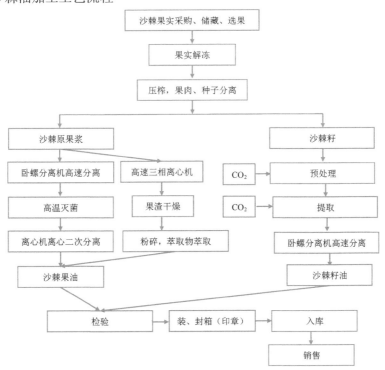

图 5-6　沙棘油加工工艺流程

（2）沙棘果浆、果酱加工工艺流程

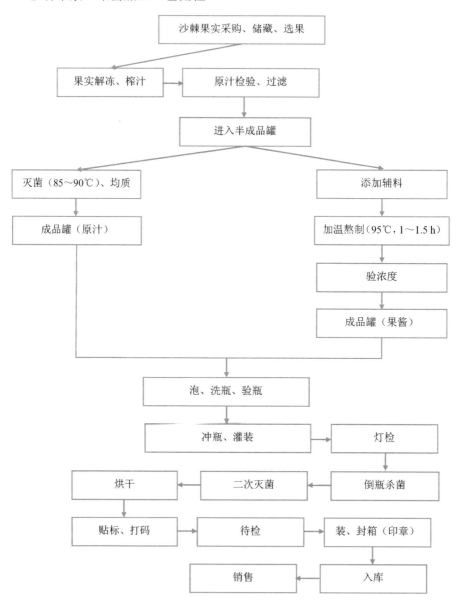

图 5-7　沙棘果浆、果酱加工工艺流程

（3）沙棘饮料加工工艺流程

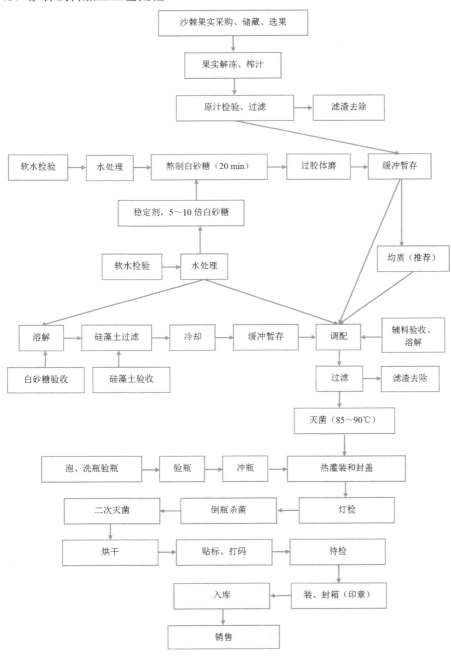

图 5-8　沙棘饮料加工工艺流程

（4）沙棘茶叶加工工艺流程

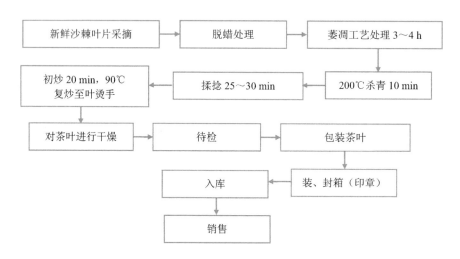

图 5-9　沙棘茶叶加工工艺流程

（5）沙棘叶提取物的加工工艺流程

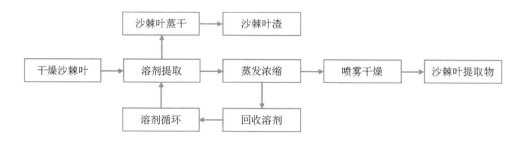

图 5-10　沙棘叶提取物的加工工艺流程

（6）沙棘果肉黄酮的提取工艺

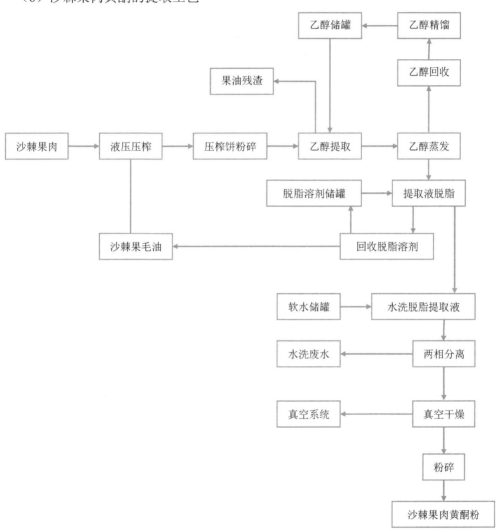

图 5-11　沙棘果肉黄酮的提取工艺流程

（7）固体口服剂工艺流程

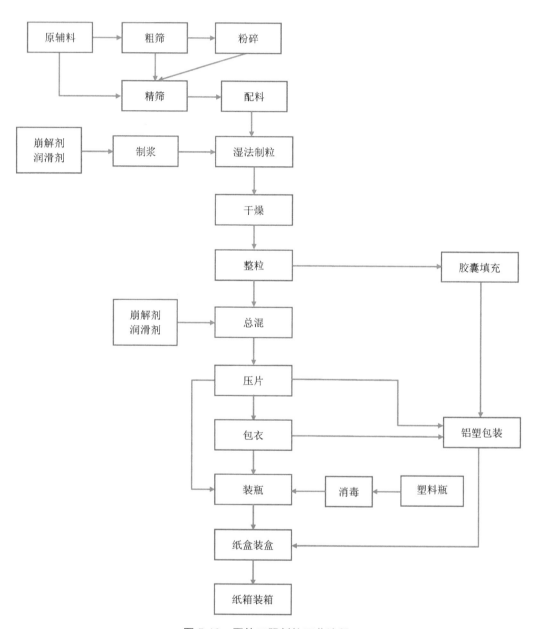

图 5-12　固体口服剂的工艺流程

（8）颗粒剂工艺流程

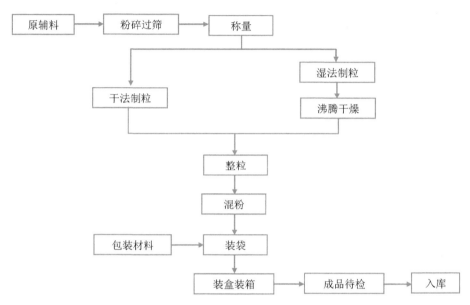

图 5-13　颗粒剂的工艺流程

（9）软胶囊生产工艺流程

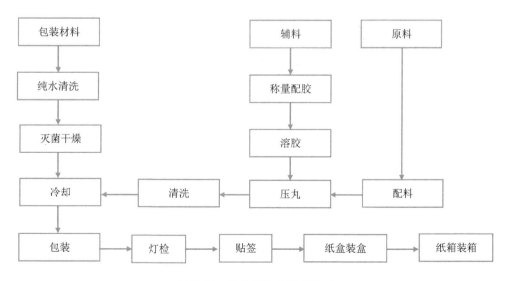

图 5-14　软胶囊生产工艺流程

（10）沙棘膏剂工艺流程

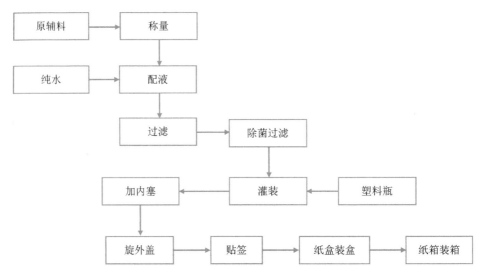

图 5-15　沙棘膏剂工艺流程

（11）沙棘口服液工艺流程

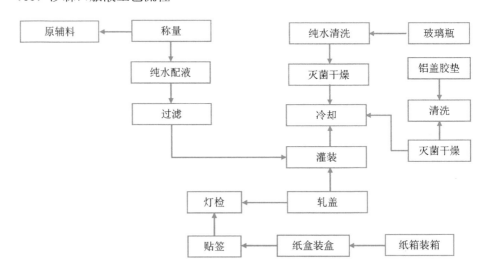

图 5-16　沙棘口服液工艺流程